高等学校『十四五』农林规划新形态教材

『十三五』江苏省高等学校重点教材

U0892687

植物营养学实验

主　编　朱毅勇　尹晓明

编　者　（按姓氏笔画排序）

王　龙　（中国农业科学院农业资源与农业区划研究所）
王小治　（扬州大学）
尹晓明　（南京农业大学）
田　江　（华南农业大学）
冯英明　（佛山科学技术学院）
朱毅勇　（南京农业大学）
刘东阳　（南京农业大学）
许卫锋　（福建农林大学）
许飞云　（福建农林大学）
李新华　（南京农业大学）
汪　玉　（中国科学院南京土壤研究所）
汪晓丽　（扬州大学）
张茂星　（佛山科学技术学院）
陈光蕾　（江苏师范大学）
陈志长　（福建农林大学）
陈爱群　（南京农业大学）
易可可　（中国农业科学院农业资源与农业区划研究所）
喻　敏　（佛山科学技术学院）
曾后清　（杭州师范大学）
魏志军　（中国科学院南京土壤研究所）

审　稿　石　磊　（华中农业大学）
　　　　金崇伟　（浙江大学）
　　　　徐　进　（山西农业大学）

中国教育出版传媒集团
高等教育出版社·北京

内容简介

植物营养学是高等农业院校农业资源与环境专业的核心主干课程，本实验指导根据目前植物营养学科的发展需要，尽可能地全面介绍了植物营养学的基本实验方法与技术。全书分四篇共计十三章。第一篇为实验室要求与安全，突出了实验室安全与防护的内容，以增强学生的安全意识、加强实验室安全管理。第二篇为植物营养学基本实验方法与技术，主要介绍植物营养学研究中常规的实验设计与方法以及常用仪器的使用。第三篇为植物营养学基础性实验，介绍根系形态与结构的观测、根系养分吸收动力学、根系中氮同化的测定以及植物大量 / 微量营养元素的测定。第四篇为植物营养学技能提升型实验，介绍根系活力与根系分泌物的测定、根系离子流微电极测定技术、细胞膜的分离和质子泵活性测定、养分离子转运蛋白的基因表达分析以及根际微域的研究方法。

本实验教材可为农林、师范和综合性大学相关专业的本科生与研究生开展植物营养学实验与研究的设计及相关指标测定分析提供参考，对相关研究和质量监测单位的工作人员进行农产品和肥料的检测也有一定的参考价值。

图书在版编目（CIP）数据

植物营养学实验 / 朱毅勇，尹晓明主编 . -- 北京 : 高等教育出版社，2023.9

ISBN 978-7-04-060625-6

Ⅰ. ①植… Ⅱ. ①朱… ②尹… Ⅲ. ①植物营养－实验 Ⅳ. ① Q945.1-33

中国国家版本馆 CIP 数据核字（2023）第 097966 号

Zhiwu Yingyangxue Shiyan

策划编辑 赵晓玉　　责任编辑 赵晓玉　　封面设计 张雨微　　责任印制 耿 轩

出版发行	高等教育出版社	网　址	http://www.hep.edu.cn
社　址	北京市西城区德外大街4号		http://www.hep.com.cn
邮政编码	100120	网上订购	http://www.hepmall.com.cn
印　刷	河北信瑞彩印刷有限公司		http://www.hepmall.com
开　本	787mm×1092mm 1/16		http://www.hepmall.cn
印　张	12.5		
字　数	280 千字	版　次	2023 年 9 月第 1 版
购书热线	010-58581118	印　次	2023 年 9 月第 1 次印刷
咨询电话	400-810-0598	定　价	28.60 元

本书如有缺页、倒页、脱页等质量问题，请到所购图书销售部门联系调换

物 料 号 60625-00

新形态教材 · 数字课程（基础版）

植物营养学实验

主编　朱毅勇　尹晓明

登录方法：

1. 电脑访问 http://abooks.hep.com.cn/60625，或微信扫描下方二维码，打开新形态教材小程序。
2. 注册并登录，进入“个人中心”。
3. 刮开封底数字课程账号涂层，手动输入 20 位密码或通过小程序扫描二维码，完成防伪码绑定。
4. 绑定成功后，即可开始本数字课程的学习。

绑定后一年为数字课程使用有效期。如有使用问题，请点击页面下方的“答疑”按钮。

新形态教材网 Abooks

关于我们 | 联系我们　登录/注册

植物营养学实验

朱毅勇　尹晓明

开始学习　收藏

植物营养学实验数字课程是与教材一体化设计的配套教学资源，是教材的有利补充，包括实验要点与注意事项、推荐阅读、彩图等，有助于增强实验的可操作性和准确性，促进对实验的理解并强化实验技能，供教师和学生自学时参考。

http://abooks.hep.com.cn/60625

前言

随着社会与科学的发展，植物营养学不仅服务农业生产，同时也对促进农业和生物科学的研究具有重要的作用。当前，随着学科的交叉互补，很多综合性院校和师范院校生物学专业的师生也在开展植物营养学的研究。本书是“十三五”江苏省高等学校重点教材，基于目前农业资源与环境专业对人才培养的新要求，结合了近二十年来国内外植物营养学的发展编写而成。本书内容既有传承又体现创新，不仅进一步完善了传统、经典的实验方法，而且结合现代生物学技术，为研究作物应对养分供应的生理与分子机制也提供了详实、标准的实验方法。在实验内容的编排方面，本书根据不同实验的重点和难点以及实验要求与目的，归纳提炼了“实验要点和注意事项”模块，进一步提高操作上的可靠性和准确性；“推荐阅读”模块有助于学习者及时了解国内外相关学科领域的发展动向，拓展学术思路、促进对实验的理解并强化实验技能。

本书历时三年完成，在编写过程中得到了来自十余所高等院校和科研院所同行专家的大力支持和关心指导。其中，第一篇、第二篇由尹晓明编写；第三篇中，第五章由许飞云、喻敏、王龙、陈志长、陈爱群、田江编写，根的形态与结构照片由李新华提供，第六章由尹晓明和汪晓丽编写，第七、八章由尹晓明编写；第四篇中，第九章由尹晓明编写，第十章由尹晓明和汪晓丽编写，第十一章由曾后清、张茂星和朱毅勇编写，第十二章由尹晓明编写，第十三章由魏志军、刘东阳、汪玉、陈光蕾编写。尹晓明对全书的内容进行统稿，王小治、许卫锋等专家对实验设计提出了建议，石磊、金崇伟、徐进等专家对书稿进行了审阅。

本书可作为高等农林院校植物营养学课程的配套实验教材，也可供农林类、师范类和综合性大学以及相关研究单位的本科生与研究生参考使用。

在教材即将出版之际，谨对所有关心帮助和提供指导的各位同行表示衷心的感谢。

限于编写时间和编者的水平，疏漏和不妥之处在所难免，热忱欢迎广大师生及同行专家提出宝贵意见。

编　者

2022 年 9 月

目 录

第一篇 实验室要求与安全

第二篇 植物营养学基本实验方法与技术

第三篇 植物营养学基础型实验

第一篇　实验室要求与安全

第一章　实验室基本知识与规范

第一节　实验室行为规范与要求

一、实验室行为规范

1. 禁止穿拖鞋、凉鞋、短袖、短裤进入实验室，进入实验室必须穿实验服，女生不宜化妆、佩戴首饰，长发的同学应扎起头发等。

2. 不在实验室大声喧哗，严禁进入标识“危险”的区域；禁止在实验室饮食、吸烟、涂抹化妆品。

3. 不乱扔垃圾，实验垃圾及废弃物放在规定地点；不在烘箱、冰柜、灭火器、消防栓、变电箱附近随意摆放物品；不擅自使用不熟悉的仪器。

4. 熟悉洗眼器、急救箱的使用方法，了解实验室及建筑物的安全出口，熟悉灭火器的位置和使用方法。

二、实验要求

1. 实验前必须预习实验内容

了解实验目的、原理、方法以及注意事项。预习时应做笔记，兼做原始记录本。通过预习，列出实验步骤，合理安排实验时间，明确分工，以保证实验顺利完成。

2. 严格按照实验步骤进行实验

实验过程中细心观察并做好记录，测定结果记录在原始记录本上，不得随便记在纸条等处，以免丢失。如果结果记错，应划掉重记，不得涂改，以养成良好的科研习惯。

3. 爱护公用资源

试剂用完后应立即归还原位，注意节约，减少浪费。一旦仪器损坏，应第一时间向指导教师报告。

4. 保持实验室整洁

保持实验台的整齐洁净，不得随意丢弃废弃物品，实验废弃物应分别分类投放于专用的废物容器中，严禁随意摆放或倒入下水道。

5. 严肃实验纪律

实验过程中要保持安静，不得随意说笑、嬉闹。

6. 严格值日制度

实验结束后，应整理好实验台面、打扫实验室卫生，并协助教师检查水、电、气、门窗是否关好，以防事故发生。

第二节　植物营养学实验的目的与要求

一、实验目的

通过植物营养学实验课的学习，巩固加深对植物营养学基本知识和基本原理的理解；掌握植物营养学实验的基本操作技术，学习实验结果的记录和实验报告的写作方法，提高实验操作能力、观察和探索能力，培养科学严谨、实事求是的学风以及积极探索、团结协作的优良品格。

二、实验报告要求

1. 实验报告要求使用学校统一印刷格式的实验报告纸，写作字迹工整、态度认真，不建议提交电脑打印的实验报告。

2. 实验报告格式和内容要求。需要按照实验目的、实验原理、实验步骤、结果计算、思考题回答等顺序撰写实验报告。结果计算要求绘制标准曲线，写出具体计算步骤。

3. 实验报告应实事求是。实验报告应根据实验具体内容和实际结果完成，要求数据准确可靠、分析论证严密；实验失败时应着重分析原因，反对拼凑或修改数据甚至抄袭他人的不良行为。

第二章　实验室污染控制与防治

第一节　实验室污染物的种类与防治

一、实验室污染物的种类

一般来说，开展植物营养学相关研究的实验室污染物的种类有：①非金属无机污染物。如硫化物、一氧化碳、硝酸盐和亚硝酸盐。②重金属污染物。一般指相对密度大于5的金属，如汞、铬、铜、锌、镍、铅、砷。离子形态的重金属毒性较大，释放到环境中可以转化成毒性更大的金属有机化合物，或者通过食物链在环境中富集对生物体造成危害。③有机污染物。一般指碳氢化合物及其衍生物，如烃、醇、酮、胺等。这些脂溶性有机污染物可以通过皮肤或呼吸道进入人体，对人体造成毒害。除上述污染物外，空气中的颗粒、环境中的电磁和电离辐射都会对人体造成影响和损害。

二、实验室污染控制与防治措施

1. 通风

实验室空气污染物的浓度比室外高，改善通风、加强换气可以有效降低空气污染物浓度。通风的形式有渗漏通风、自然通风、机械通风等。渗漏通风指门、窗、线路及管道的缝隙、进出风口。实验打开门窗就是自然通风，自然通风换气效果较好，可以保持实验室内良好的空气质量。机械通风指通过排风设备把新鲜空气送入室内，达到稀释污染物浓度的效果，包括全面稀释通风和局部排气通风，前者一般采用通风空调系统，后者一般采用排风扇、通风橱等设备。

2. 吸附

这是一种常用的气态污染物净化方法，把空气中的有害废气吸附、凝固在吸附剂表面，达到净化空气的目的。实验室常用的吸附剂有活性炭、活性氧化铝、硅胶、分子筛等。活性炭价格低廉、吸附范围广，可用于吸附苯、乙烷、丙酮、四氯化碳、奈、乙酸乙酯等有机气体和蒸汽。硅胶常用于气体干燥以及废气中二氧化硫、氮氧化物和有机烃的净化。分子筛的微孔丰富、比表面积大、吸附能力强，可以除去二氧化硫、硫化氢、二氧化碳等。

第二节　实验室安全防护

一、个人防护装备

1. 头部防护

指佩戴防护设备避免头部受到冲击、挤压、擦伤和污染。如佩戴安全帽、工作帽、安全头盔。

2. 呼吸防护

指预防缺氧或避免空气污染进入呼吸道，从而保护呼吸系统所做的防护。呼吸防护装备按照工作原理可分为过道式和隔离式；按照供气方式可分为自吸式、自给式和动力送风式；按照防护部位分为口罩式、口具式和面具式。

3. 眼部防护

指避免眼睛受到电磁辐射、紫外线以及有毒有害光线、烟雾或化学物质、金属火花等损伤而做的防护，如佩戴防护眼镜。在化学和生物学实验室不得佩戴隐形眼镜，以防角膜受伤，也不能以普通眼镜代替防护眼镜。

4. 听力防护

指佩戴防护设备（耳塞、耳罩等）保护听觉，避免人耳受到噪声的过度刺激。

5. 手部防护

指避免实验过程中接触有毒有害物质以及被污染的仪器设备、超高或超低温度的物品等而做的防护。常见的手部防护是佩戴手套，实验室用手套一般有乳胶手套、橡胶手套、棉手套、聚乙烯手套等。

6. 足部防护

指避免脚或小腿受到物理、化学和生物等因素的刺激而做的防护，如穿防护靴、防护鞋等。

7. 躯体防护

指避免身体受到物理、化学或生物等有害因素伤害所做的防护，如穿工作服、防护服。

二、实验室应急救助

植物营养学实验中经常会用到强酸强碱等试剂，急救方法如下：

1. 硫酸、硝酸、氢碘酸、氢氟酸触及皮肤时立即用自来水冲洗 30 min，然后用干布擦干，再用稀碳酸氢钠或稀氨水清洗，再用水清洗，重者送医院救治。

2. 氢氧化钠、氢氧化钾触及皮肤时立即用自来水冲洗 30 min，再用 10 g/L 硼酸或 2% 乙酸溶液清洗，再用水冲洗，重者送医院救治。

3. 盐酸、磷酸、偏磷酸、焦磷酸乙酸、乙酸酐、次磷酸等触及皮肤时应立即用清水清洗。

4. 甲醛触及皮肤时应立即用水冲洗，再用 20 g/L 碳酸氢钠溶液或肥皂水清洗。碘触及皮肤可用硫代硫酸钠或碳酸钠溶液清洗；溴触及皮肤后立即用水冲洗，然后用 25% 氨水、松节油、95% 乙醇的混合液（体积比 1∶1∶10）涂敷，也可以用苯、甘油等除去溴，再用水冲洗。

需要注意的是，以上试剂腐蚀皮肤后可能出现水泡，注意不要挑破水泡，防止受伤面扩大，受伤严重者应立即就医。

三、实验废弃物处置

目前，一些学校的实验室废弃物交由第三方环保公司处理，但是对于师生而言，学习了解一些常见废弃物的无害化处理方法对于自身防护以及保护环境安全都是必要的。以下简要介绍无机化学类实验室相关废弃物的处置方法。

1. 废气处理

产生有毒气体的实验必须在通风橱内进行，若实验过程中产生大量有毒有害气体还应该安装吸收装置，如二氧化氮、二氧化硫、氯气、硫化氢、氢氟酸等可以通过碱液吸收装置后排放，一氧化碳通过燃烧转化为二氧化碳后排放。另外，活性炭、活性氧化铝、硅胶等可以吸附废气中的污染物。

2. 废液处理

（1）废酸与废碱　先中和，然后调节 pH 至 6 ~ 8 排入废水池，若有沉淀需要过滤后按照固体废弃物处理。

（2）含氰废液　少量的含氰废液可以加入硫酸亚铁转化成毒性较小的亚铁氰化钾，方法是在每 200 mL 废液中加入 25 mL 200 g/L 碳酸钠和 25 mL 50 g/L 硫酸亚铁溶液。对于浓度较高的含氰废液，可以以次氯酸钠为氧化剂把氰离子转化为氰酸盐，然后调节 pH 至 6.5 ~ 7.1，再加入次氯酸钠把氰酸盐转化为二氧化碳和氮气进而排放。

（3）含汞废液　先调节 pH 至微碱性，再加适量硫化钠生成硫化汞沉淀，然后加硫酸亚铁生成硫酸亚铁沉淀，吸附硫化汞共沉淀，离心后残渣做固体废弃物处理。

（4）含砷废液　加入氧化钙调节 pH 至 8，生成砷酸钙和亚砷酸钙沉淀，过滤后的沉淀做固体废弃物处理。

（5）含重金属的废液　比较简单经济的方法是加入碱或硫化钠，生成氢氧化物或硫化物沉淀；含钡的废液加入硫酸钠生成硫酸钡沉淀，过滤后的沉淀做固体废弃物处理。

第二篇　植物营养学基本实验方法与技术

第三章　植物营养学常规实验技术概要

第一节　基本实验技术

一、样品的采集与制备技术

（一）植物样品的采集与制备

1. 植物营养器官样品的采集

植物营养器官的采集方法类似于土壤样品的采集，按照一定线路多点采集组成平均样品，样株数目应根据作物种类、种植密度、株型大小和生育期综合确定。用于营养诊断的样品要有代表性和指示意义，即采集的样品在此生育期内是养分敏感器官，采样时间根据实验内容和要求而定。

2. 植物营养器官样品的制备

测定容易变化的成分如硝态氮、氨基态氮、维生素 C、可溶性糖等需要用新鲜的样品，测定不易变化的成分可以用干燥样品。烘干时先把新鲜样品放在 105 ~ 120℃的鼓风干燥箱中杀青 15 min 左右，60 ~ 70℃烘干约 48 h 直至恒重。干燥的样品可以用研钵或粉碎机磨碎后过筛，一般过 0.4 mm 的筛即可，或者根据测定项目的需要选择合适孔径的筛。过筛的植物样品可以放在样品袋内保存在干燥器中备用。要对植物样品的成分进行分析测定还需要对样品进行消解处理，通常称为消化。消化是在氧化剂的作用下，用强酸（如硫酸）消解样品，使蛋白质和糖类分解为氨基酸和单糖。植物样品消化必须在通风柜中进行，常用的消化方法有三种：浓硫酸 – 双氧水法、水杨酸 – 硫酸法和高氯酸 – 硝酸法。

（1）浓硫酸 – 双氧水法　此法适用于植物全氮、全磷、全钾测定的样品制备。一般操作步骤为：准确称取 0.100 0 ~ 0.200 0 g 的样品于消化管中，加 5 mL 浓硫酸，混匀，盖上弯颈小漏斗，在消化炉上消解至呈清亮的蓝色，再加热 5 ~ 10 min，以去除多余的双氧水。取出消化管使之冷却，用少量去离子水冲洗小漏斗，洗液入瓶，定容到 100 mL。取滤液用于后续的测定。

（2）水杨酸 – 硫酸法　此法适用于有机肥料全氮测定的样品制备。在硫酸介质中水杨酸与亚硝酸根生成硝基化合物，然后经硫代硫酸钠或锌粉还原成氨基化合物再进行消化，即可测定包括硝态氮在内的全氮含量。一般操作步骤为：准确称取 0.100 0 ~ 0.200 0 g 的试样于消化管中，加入 10 mL 消化剂（30 g 水杨酸 +1 L 硫酸），放置 30 min 后加入 1.5 g 还原剂（硫代硫酸钠），再放置 30 min，先低温加热待泡沫消失后高温消化，消化液由黑变褐后加入 3 g 混合加速剂（硫酸钾∶硫酸铜∶硒粉 = 100∶10∶1），高温消解至溶液变清亮。

（3）高氯酸 – 硝酸法　此法用于植物矿物成分测定，消化时应注意控制温度，以消解到刚冒出白烟为宜，硝酸和高氯酸均为强氧化剂，加速了有机物质的氧化，缩短了消解时间。硝酸沸点为 86℃，高氯酸在 110℃即可分解，当消解至有白烟生成时表示残余的硝酸和高氯酸基本排除。混合酸的比例一般为硝酸∶高氯酸 = 9∶1。消解的步骤为：准确称取 0.100 0 ~ 0.200 0 g 的样品于消化管中，加入 10 mL 混合酸，盖上弯颈小漏斗过夜放置，消化炉上低温消解到有白烟、管壁有回流即可。

3. 植物其他器官样品的采集与制备

籽粒样品多用于品质分析，可以采个别植株，也可以采试验小区或大田地块，小区采样时应除去小区周边的边行、收获小区中央部分以避免边行效应引起的误差。小麦和水稻等密集型禾本科作物收获面积最小应为 5 m^2，对玉米等稀播作物采样小区面积应为 10 ~ 20 m^2。豆类或谷类的种子需要全部留作样品。试验地或大田采样时可以按照组织样品的采样方法，选定植株后脱粒混匀，四分法取约 250 g 样品。籽粒大的如花生、蓖麻、向日葵可以取约 500 g 的样品。种子风干后除去杂质和空瘪籽粒，根据测定项目需要具体处理，比如测定油菜籽粒的含油量时不能磨碎只能击碎，籽粒较大的如玉米可以用磨样机，粒度磨到 0.4 mm（40 目），放在广口瓶中置于阴凉干燥处，贴上标签备用。

瓜果样品多用于品质分析。瓜果的成熟期长，一般在成熟期采样需要采集 2 ~ 3 次，大田采样时应随机采取 10 株以上成熟度一致、簇位相同的瓜果组成混合平均样品，平均样品的果实数依据果实大小而定，如青椒之类不少于 40 个，番茄之类不少于 20 个，西瓜、大白菜等不少于 10 个，数量较多时可将每个切取 1/4 组成平均样品，总质量约为 1 kg。在瓜果的品质分析中常用新鲜样品，如果需要干燥则尽量缩短干燥时间以保证样品成分的稳定性。加速干燥的主要方法是将样品磨碎后高温通风干燥；打碎的鲜样可先在 110 ~ 120℃鼓风干燥箱中烘 30 min 至 1 h，直至样品变脆可以粉碎。

植物根系样品的采集一般采用挖掘法和土钻法。挖掘法可以得到完整根系自然生长的清晰图像，方便对每条根的长度、体积、形状、颜色、状态和分布等进行观察。土钻法是采集一定容积土壤根系样品的适宜方法，采样根的土钻钻筒一般高 15 cm、内径 7 cm，上方有一个中空的手柄。采集的根可以放在含水的容器中进行冲洗，方便进行形态观察，或经过处理后进行成分分析。

（二）土壤样品的采集与制备

1. 土壤样品的采集

（1）深耕土壤样品的采集 为了研究土壤深耕层中养分供求状况，需要采集深耕土壤（一般 0～25 cm 土层），采样点的多少应根据采样点的面积和研究目的确定。采样点数（n）可以参考公式 $n = 10 + 10 \lg S$ 确定，其中 S 为采样点的面积。采样点应呈蛇形分布。采样方法是，去除土壤表面的枯枝落叶，将取样器插入 20 cm 深，取出土样放入瓷盘中即为一个点的样品。若采样点多，可将各采样点土样混合均匀，按照四分法取约 1 kg 的土样放入布袋内，布袋外挂上标签，写上采集地点、时间、地块部位、采集人等信息。

（2）土壤剖面的采集 土壤剖面的采集一般为了研究土壤基本理化性质和发育特征，作为划分土壤类型和土种的依据。一般根据地形、植被、土类等选取采样点，挖掘 1～2 m 的剖面，根据土壤剖面的颜色、质地、结构、松紧度、根系等自上而下分层，并观察记录，不同层的土样分别放在布袋中，做好标签记录，各层土样采集约 1 kg。

（3）养分和盐分动态变化土样的采集 研究土壤养分和盐分动态变化时不能简单地用混合土样采集法进行采集。比如研究磷肥在土壤中的水平运移，要在施磷肥田地的一侧或两侧每隔一定距离按照相同深度和位置多点取样混合；研究磷的垂直运移应以施肥层为采样起始点，向下每隔一定深度为采样点，相同深度土层的土壤组成混合土样。

土壤盐分的变化比养分含量的变化还要大，由于受降雨、淋洗、蒸发等因素的影响，不同类型不同土层的土壤盐分差异很大，如南方滨海盐碱土底层盐分含量较高，内陆次生盐碱土盐分一般在表层。为研究盐分在土壤剖面的变化规律，可采取分段取样：自地表起每隔 10 cm 或 20 cm 采集一个土样，在此深度内自上而下均匀整层取土。

2. 土壤样品的制备

采集的土样风干后放在磨土板上磨细，一般过 2 mm 的筛可以用于物理分析，过 1 mm 的筛可以用于有效养分的分析。磨细的土样放在自封袋内或干燥的塑料瓶内，贴上标签于干燥处保存。

（三）肥料样品的采集与制备

1. 化学肥料样品的采集与制备

化肥一般为商品肥，成分单一，可采用多点采样混合均匀，四分法取 0.25～0.5 kg 的平均样品于广口瓶中，贴上标签，注明厂家、产品名称、批号、等级、采样人和日期。对于块状的化肥如钢渣磷肥、钙镁磷肥要先击碎，取代表性样品约 20 g 磨细，过 100 目筛后置于广口瓶中备用，此样品可以用于化肥全磷含量的分析。对于以矿石形态存在的磷矿石、钾长石中磷钾含量的分析，可将矿石击碎，取代表性样品约 20 g，磨细过 120～170 目筛（孔径 0.125～0.088 mm），置于广口瓶中备用。

2. 堆肥、厩肥、沼气肥渣等有机肥样品的采集与制备

这类肥料质地不均匀，需要现场多点采集，一般在翻堆混匀后选择 20～30 个点采

集，每点取约 0.5 kg。采集的各点样品放在大塑料布上，磨碎混匀后按四分法取约 5 kg 装入塑料袋中，写上采样时间、地点、肥料种类。肥料风干后磨细过筛，放在塑料瓶中备用。

3. 人畜粪尿及沼气肥料样品的采集与制备

这类肥料属于固体和液体的混合肥，在固体液体未分层时迅速取约 500 mL 带回实验室，然后用玻璃棒将固体捣碎混合均匀放在塑料瓶中备用，测试前再充分混匀。

4. 绿肥样品的采集与制备

对于绿肥样品，可根据田块大小和绿肥生长均匀度，按照土壤样品的采集方法，蛇形或棋盘形多点采样，一般取 20 ~ 30 个点，每个点采样 10 株植物组成混合样品带回实验室。把植物剪成约 1 cm 的小段放在烘箱中杀青、烘干，磨细过筛备用。

需要注意的是，有机肥料粒径的大小依据测定项目而定，有效养分与全量养分测定要求的粒径不同，测定有机肥全氮和速效性氮时，取样后应立即处理，以免氮（铵态氮）挥发造成损失，有机肥料全磷与全钾的测定可采用风干样品。

二、称量方法

1. 减量法

将试样或试剂放入称量杯（称量纸），把称量勺也放入其中，两者质量记为 m_1；取出一定质量的试样或试剂后，两者质量记为 m_2；再取出一定质量试样或试剂后，两者质量记为 m_3……，则重复 1 的称重质量为 $m_1 - m_2$，重复 2 的称重质量为 $m_2 - m_3$。这种方法称为减量法，可以避免称量勺黏附试样或试剂造成的误差。

2. 减差法

物质的称量比如沉淀往往需要先烘干甚至灼烧后才能称量，因此试样需要放在器皿中（比如坩埚），先称得空器皿的质量，然后再将器皿和试样一起称量，则试样的质量即为以上两者的差值，这种方法称为减差法。

3. 恒温试样的称量

有的试样需要在较高的恒温条件下一段时间后称量，为了防止受空气湿度的影响，应将恒温处理后的试样放在干燥器中平衡半小时左右再称量。如果恒温温度很高，应戴上防护手套，放置几分钟后再放入干燥器内平衡以后称量，干燥器中的硅胶应为天蓝色，变为浅红色时应更换硅胶。

4. 定容要求

定容是指在使用容量瓶配制准确浓度溶液时，加水离刻度线还有 1 ~ 2 cm 时，用胶头滴管吸水注到容量瓶里，视线与凹液面最低处相水平，凹液面到达容量瓶刻度线。定容操作时的注意事项有：对于在配制过程中发生放热反应的试剂，比如配制 10 mmol/L NaOH 时，需要等待溶液温度降至室温以后才可以定容；对于在配制过程中容易产生气泡的试剂，比如配制 0.5 mmol/L $NaHCO_3$ 时，需要等到气泡完全释放以后再定容；对见光容易分解氧化的试剂，需要用棕色容量瓶进行配制和定容。

三、蒸馏与滴定技术

（一）蒸馏原理

氨在加热时随水蒸气逸出，在密封系统中冷却后被硼酸吸收。蒸馏的类型有蒸汽蒸馏法和直接蒸馏法，前者包括普通定氮蒸馏和半微量定氮蒸馏。

（二）蒸馏装置与技术要点

1. 直接蒸馏

直接定氮蒸馏装置（图 2–1）操作简单，应用较广，操作步骤为：加一定体积的试液于蒸馏瓶中，加去离子水至 200 mL 左右，在吸收瓶中加入 25 mL 硼酸、2 ~ 3 滴硼酸指示剂，缓冲管的下端浸没在吸收瓶液面之下。蒸馏瓶内加入浓碱，盖上定氮球，定氮球另一端的橡皮塞塞进冷凝管管口，接通电炉、打开冷凝水，蒸馏约 20 min，蒸馏完毕取下冷凝管口橡皮塞、拿走蒸馏瓶，将缓冲管移开吸收瓶，用水洗涤冷凝管内壁即可移开吸收瓶，蒸馏好的试液用标准酸滴定。

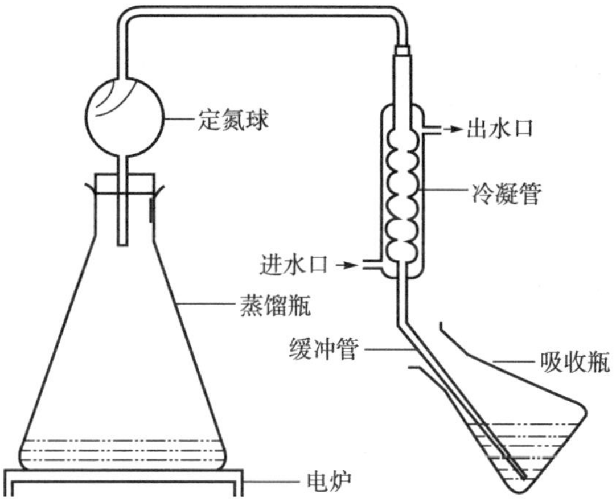

图 2–1　直接定氮蒸馏装置（引自：张行峰，2005）

2. 蒸汽蒸馏

普通定氮蒸馏的最大优点是在密封条件下加入的碱可以避免氨的挥发，但是由于消化液中的酸度较高会影响蒸馏，一般事先要对样品进行稀释。目前不少实验室都有全自动凯氏定氮仪，但是半微量定氮蒸馏是用于土壤有效氮含量测定的经典方法，有不少实验室仍在使用。

（三）滴定技术

1. 中和滴定

中和滴定即酸碱滴定法。滴定剂一般是强酸如硫酸、强碱如氢氧化钠，被滴定的物质呈酸性或碱性，常见的是氨的滴定。溶液中的氨用硫酸滴定形成硫酸铵，化学计量点约为 pH 5.1，滴定曲线的突跃范围在 pH 6.2 ~ 4.3，所用指示剂为甲基红，其变色范围为 pH 6.2 ~ 4.4，颜色由黄色变为红色。溴甲酚绿变色范围为 pH 5.4 ~ 3.8，颜色由蓝色突变为黄色。当甲基红和溴甲酚绿用作混合指示剂时颜色由蓝色突变为粉红色，滴定终点变化明显。

用氢氧化钠滴定乙酸，生成乙酸钠。乙酸钠是强碱弱酸盐，呈碱性，化学计量点为 pH 8.7，滴定曲线的突跃范围为 pH 7.7 ~ 9.7。酚酞的变色范围为 pH 8.2 ~ 10，在此曲线的突跃范围内可以用作指示剂，颜色从无色变为红色。

2. EDTA 配位滴定

EDTA 可以与绝大多数金属元素形成稳定的配合物，配合物的稳定性以条件稳定常数表示，在金属不发生水解的范围内，条件稳定常数随 pH 升高而增大。此方法可用于土壤矿质中全量铁、铝以及钼肥检测等，其详细原理与操作要点在相关农化分析的工具书中都有介绍。

3. 氧化还原滴定

此滴定方法是以氧化还原反应为基础的滴定分析方法，提供电子的物质为还原剂，接受电子的物质为氧化剂，还原剂失去的电子与氧化剂得到的电子数相同，土壤有机质测定的滴定即采用此方法。氧化还原滴定化学计量点的判断是依据氧化还原电位跃迁引起氧化还原指示剂颜色的变化。

第二节　常规仪器分析技术

一、光谱分析技术

（一）紫外 – 可见分光光度计分析技术

1. 基本结构

紫外 – 可见分光光度计的种类较多，总体有单光束分光光度计、双光束分光光度计和双波长分光光度计三种。分光光度计的基本结构包括光源、单色器（单色仪）、吸收池、检测器和信号指示系统（图 2–2）。光源一般为高压汞蒸汽灯或氘灯，氘灯能发出强度较大的连续光谱；激发单色器位于光源和样品室之间，可以筛选特定的激发光谱；发射单色器（通常采用光栅）位于样品室和检测器之间，可以筛选特定的发射光谱；检测器一般为光电管或光电倍增管，可将光信号放大并转为电信号。

2. 分析原理

当一束平行单色光垂直通过均一溶液时，溶液的吸光度与其浓度和比色皿厚度的乘

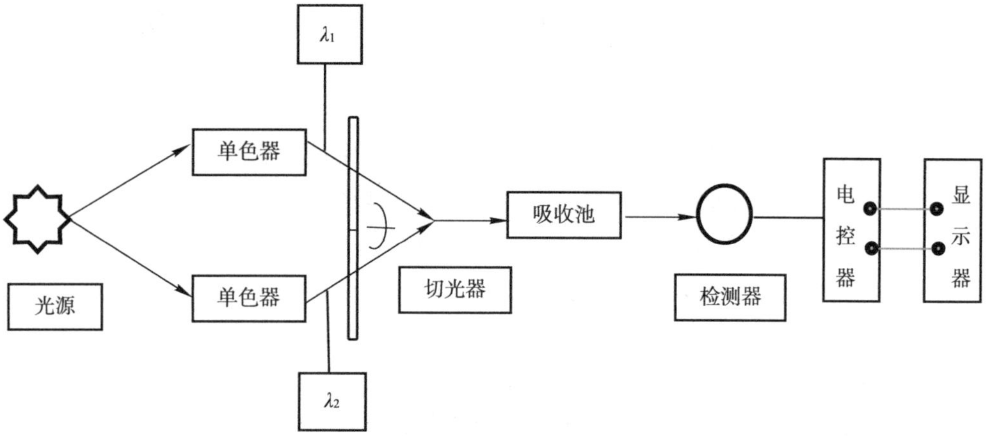

图 2-2　分光光度计的基本结构（引自：王荣花，2017）

积成正比，即

$$A = \lg (I_0/I) = Kcl$$

式中 A 为吸光度，I_0 为入射光强度，I 为透射光强度，K 为比例常数，c 为溶液浓度，l 为比色皿的厚度。分光光度计是实验室使用最广泛的一种仪器，可选用的波长范围为 200 ~ 400 nm 的紫外光区、400 ~ 760 nm 的可见光区与 760 ~ 1 100 nm 的近红外光区。

3. 操作要点与注意事项

（1）仪器应放在整洁、无尘、无腐蚀物质的地方。

（2）新一代分光光度计的使用比较简便，正式测定前打开仪器电源预热 20 min，用空白试液调零，调节检测波长后即可使用。

（3）比色皿需配套使用。标准溶液用量或试样用量为零的比色液称空白溶液，前者为标准液空白，后者为试液空白，分别用于标准溶液和试液测定时仪器的调零。测定完比色皿立即用蒸馏水洗净，用软布擦干。注意手拿比色皿的毛玻璃一面，不要拿光滑的一面以免影响透光效果。

4. 应用范围

分光光度计在植物营养学研究中的应用较广，主要有如下方面：磷钼蓝分光光度法测定土壤有效磷，钼黄比色法测定植物全磷，甲亚胺 -H 分光光度法测定植物硼，硫氰酸铵比色法测定植物全钼等。随着时代的发展和科技的进步，酶标仪的使用逐步普及，然而分光光度计造价不高、操作使用简便，应用依然较广泛。

（二）火焰光度计分析技术

1. 技术原理

火焰光度计是用火焰作为激发光源的一种发射光谱法，激发态原子辐射光的强度与激发液中该原子的浓度成正比，在忽略自吸现象情况下，谱线强度 I 与待测元素的浓度

c 满足关系式 $I=Kc$。这是火焰光度计进行定量的基本公式，也是建立标准曲线方程的依据。

2. 操作要点

（1）环境要求　火焰光度计应放在稳固的平台上，室内无腐蚀气体、干燥通风，无浮尘。仪器长期不用橡皮管容易老化，使用前可用肥皂水检测是否漏气。

（2）滤光片和气体的选择　在植物营养及其相关研究中，火焰光度计主要用于植物、土壤或肥料中钾和钠的测定。滤光片的作用在于过滤试液中被激发的其他元素的光谱，只允许待测元素的波长的谱线通过。火焰光度计一般配备紫色和黄色滤光片，作为钾、钠测定的单色器。火焰光度计气体包括燃气和助燃气，燃气常选用液化石油气，它操作简便、火焰稳定性好；助燃气一般为压缩空气，在操作时先调节进入仪器的空气压力（0.4 kg/cm^2 为宜），再通入燃气，调节燃气和助燃气的比例以保证火焰轮廓清楚，内焰为蓝绿色。

（3）维护保养、误差校正及干扰排除　国产火焰光度计操作过程基本类似，一般开机顺序为，先开空气压缩机，点燃点火线圈，再开助燃机点火，关机时先关助燃机，再关空气压缩机。

测定时应注意以下事项：标准溶液与待测液的介质组成应相同，介质一般用硝酸和硫酸为好，不用盐酸和磷酸。不要测定高浓度试样，钾的浓度最好小于 30 mg/kg。用火焰光度计测定钠（谱线 539.3 nm）的干扰离子主要是钙离子（谱线 585.8 nm），可以在试样液中加入少量 $Al_2(SO_4)_2$ 或 $AlCl_3$ 抑制钙的激发。

3. 应用范围

火焰光度计主要用于植物钾、钠，土壤速效钾以及肥料中钠、钾的测定。仪器操作简便、稳定性较好，运行成本不高，是植物营养学、肥料学等实验室的常规分析仪器。

（三）原子吸收光谱分析技术

1. 基本结构与分析原理（图 2–3）

（1）基本结构　原子吸收分光光度计一般由四部分组成：空心阴极灯、原子化系统、分光系统、检测系统。空心阴极灯包括一个玻璃外壳、一个阴极、一个阳极。原子吸收的原子化系统分为三类：火焰原子化系统、化学原子化系统、石墨炉无火焰原子化系统。火焰原子化系统是基本配置，由喷雾器、雾化室和燃烧头组成，样品试液在火焰原子化装置中雾化成气溶胶，缺点是雾化率低、稀释倍数大，优点是仪器装置和分析操作简单，精密度较高。分光系统的作用是选出分析使用的谱线，避免干扰谱线进入检测器。检测器采用光电倍增管，它将光信号转为电信号。

（2）分析原理　原子吸收分光光度计是利用空心阴极灯作为激发光源的一种吸收光谱法，每种元素的原子不仅可以发射特征谱线，也可以吸收与发射波长相同的特征谱线。当光源和发射的特定波长的光通过原子蒸汽时，原子的外层电子将选择性吸收相同元素发射的特征谱线，使入射光的强度减弱，原子对入射光的吸收强度与待测元素的浓度成正比。即 $A=\lg(I_0/I)=Kc$，这是原子吸收光谱定量分析的基本公式，也是建立标准曲线的依据。原子吸收光谱法分为火焰原子吸收光谱法和无火焰原子吸收光谱法，在资源环境分析中通常采用前者，火焰原子吸收分光光度计的基本构造和工作原理如图 2–3 所示。

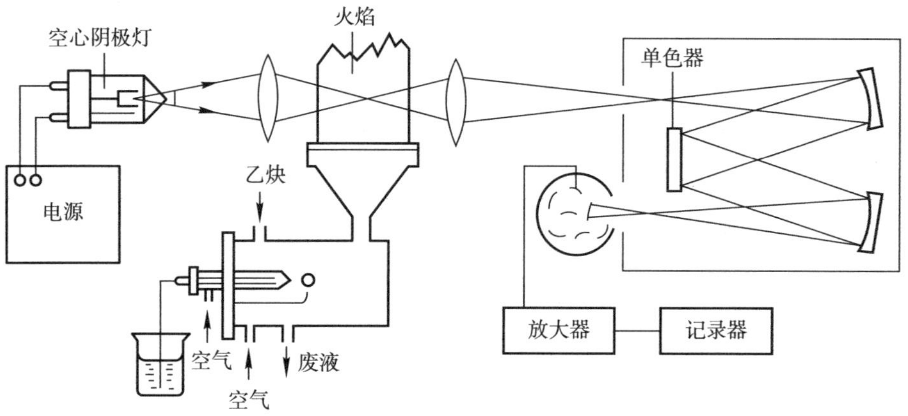

图 2–3　火焰原子吸收分光光度计的基本构造和工作原理（引自：刘雪静，2019）

2. 操作要点

（1）基本操作步骤　开机前检查负高压和空心阴极灯的可调处于最小，有稳压电源的待电压稳定后开机；按照待测元素选用空心阴极灯，插入灯座、调节灯电流数值；调节波长旋钮到待测元素工作波长附近，观察透光度读数窗口直到明显变化，表示空心阴极灯的发射线进入检测器。调节灯的前后左右位置使读数最大，然后按照说明要求把负高压调节到适宜数值。

（2）定量分析方法　一般采用标准加入法和标准曲线法两种定量分析方法。前者是取等体积的待测溶液若干份（比如 4 份），依次加入 0、1、2、4 份标准溶液，用纯水定容至刻度，然后分别测定其吸光度。要注意各待测溶液的浓度在线性范围内。

（3）干扰及排除　光谱干扰通常由谱线重叠或邻近元素的谱线分不开引起，背景干扰可以通过氘灯背景校正或塞曼效应校正。减弱干扰指测定结果偏低，包括电离干扰和化学干扰，由于火焰中基态原子数减少所致。当火焰的能量大于元素的电离能时，元素就会电离成离子，导致基态原子数减少、吸光度降低。

化学干扰指待测待元素与共存元素发生化学反应引起原子化程度的改变带来的干扰。可以加入消电离剂或使用较低温度的火焰类型排除电离干扰，采用化学分离或加入消除干扰的试剂如测定钙时加入镧、锶排除化学干扰。由试液基质的不同而引起的干扰是不定干扰，可以通过控制基质的化学组成或使用标准加入法消除不同来源和复杂试样基质带来的干扰。

3. 应用范围

原子吸收光谱分析技术常用于土壤、植物样品中微量元素如铜、锌、锰、铁的测定，以及大量元素钙、镁的测定。原子吸收常见元素的分析线波长如表 2–1 所示。

表 2–1 原子吸收常见元素的分析线波长

元素	波长 /nm	元素	波长 /nm	元素	波长 /nm
Sn	189.989	Co	228.616	Cu	324.754
Bi	190.241	Ni	231.604	Ag	328.068
As	193.686	Ba	223.527	Al	396.153
Hg	194.227	Li	256.254	Sr	407.771
Zn	202.551	Mn	257.610	Pb	220.351
Cr	205.552	Ge	265.118	Fe	239.562
Sb	217.589	V	292.403		
Cd	226.502	Be	313.107		

（四）原子荧光光谱分析技术

1. 基本结构与分析原理

（1）基本结构　原子荧光光谱仪与原子吸收光谱仪的结构很相似，都是由四部分组成：光源、原子化器、分光系统和检测系统（图 2–4）。两者的主要区别是原子吸收测定的是发射谱线被吸收而减弱的程度，而原子荧光的光源和分光系统、检测系统成直角设置，以避免激发光源对荧光信号的影响，提高发射光源强度有利于增加荧光信号的强度，提高仪器灵敏度。

原子荧光光谱的光源普遍使用无极放电灯，它产生的辐射强度比空心阴极灯大，在多通道荧光光谱上可以安装几个相同的空心阴极灯并聚焦到基态原子蒸汽上，通过合并光源提高激发光源的强度。

氢化物原子荧光光谱的原子化原理是采用强还原剂硼氢化钾（钠）在酸性溶液（通常为盐酸）中与待测元素生成气态的氢化物，后者在低温石英管中发生原子化，形成待测元素的基态原子，基态原子吸收光源辐射激发发出荧光，荧光强度可以定量测定。

色散型单色器一般使用的是光栅，非色散型使用滤光片来分离谱线，降低背景影响。当选用空心阴极灯作为激发光源时光谱简单、谱线少，可以不使用单色器，所以称为非色散原子荧光光谱。非色散原子荧光光谱的滤光片可以分为两类：普通颜色滤光片和干涉滤光片。普通颜色滤光片由各色平板玻璃或明胶片组成，带宽 35 ~ 50 nm，透光率约 30%，干涉滤光片的带通可在 5 nm 以内，透光率为 40% ~ 60%。非色散原子荧光光谱的滤光片不存在分光问题，主要作用是滤除火焰背景的干扰。

（2）分析原理　原子荧光分析通过光电倍增管把原子荧光信号转换为电信号，电信号经放大、解调等检测电路处理最后获得待测物的浓度信息。与原子吸收分析原理不同的，原子荧光分析电信号的强弱与待测物浓度成线性正比关系而不是对数关系。

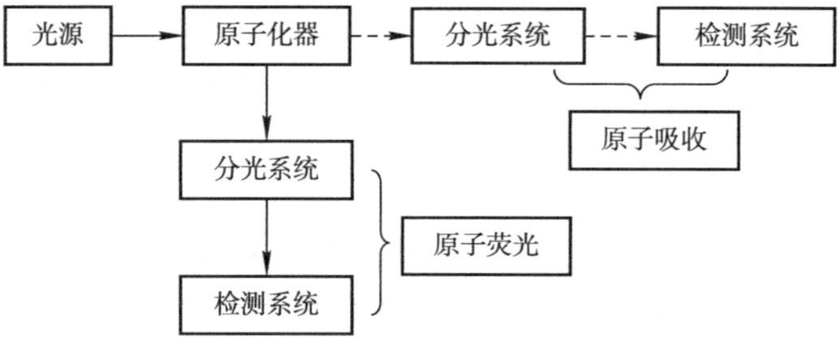

图 2-4　原子荧光与原子吸收光谱仪的结构示意图（引自：贺立源，2009）

2. 操作要点

（1）基本操作步骤　不同型号的原子荧光光度计操作方法基本类似，以下以普析 PF6 非色散原子荧光光度计为例简要介绍操作步骤：检查气路和水路，打开氩气瓶减压阀，分压表调至 0.2 MPa 左右，打开蠕动泵。换上需要的元素灯，调整灯的位置，检查元素灯光斑是否对准，原子化器高度约为 8 mm，光斑对准调光器中间横线和竖线的交叉点，检查汞灯是否点亮，若不亮则用点火枪激发点亮。打开仪器主机电源，双击桌面上图标 PFWin 进入仪器工作站，出现登陆画面点击“确定”。

点击 仪器控制，设定温度。测汞时温度设为 0 ℃，测其他元素时温度设为 160 ~ 200 ℃，点击“应用”。点击 参数设置。选择“自动进样”，点击“设置”把载液空白位置设为 255，其他位置按各个样品放在样品盘的位置来设定，点击“应用”，若让仪器自动运行测量，在 自动测量 前打上对勾，点击“应用”。点击 标样浓度，输入曲线各标准点的浓度来制作标准曲线，若用仪器自动稀释曲线，在 自动稀释 前打上对勾。点击 样品设置，点击“添加样品”可设置样品名称、样品号、样品形态、稀释因子、样品单位，然后点击“确定”。把标准空白、标准曲线、样品空白、样品按自动进样器设置位置放入样品架中。压好泵管，向载流槽内倒入盐酸，放入还原剂和盐酸瓶。点击 样品测量，点击“测量”，仪器依次测量载流、标准空白、标准曲线、样品空白、样品。

测定完毕，点击 标准曲线、打印、测试结果，打印数据。

将进样针和还原剂毛细管放入去离子水中，点击 清洗，输入清洗次数（3 次以上），点击“开始”进入仪器清洗。清洗结束后先关蠕动泵、后关氩气瓶减压阀，退出仪器工作站，松开泵卡，关闭仪器主机电源。

（2）干扰及其排除　常见的干扰有以下 3 种：第一种是元素的干扰。试液和硼氢化钠（钾）作用被还原为各种价态，元素形成沉淀被吸附或与氢化物形成共沉淀，使得待测元素氢化物的生成量减少，分析信号降低。第二种是火焰中生成的化合物干扰。低温火焰中的氢化物气体相互作用生成干扰化合物，使待测元素的原子化数目降低。第三种是反应的速度和酸度。必须按照仪器要求和操作规程控制溶液的酸度，否则影响荧光信号。

3. 注意事项

（1）严格控制测定条件　原子荧光光分析测定的多是痕量元素，对环境条件的要求较高，除光源、电压、气流、酸度等因素外，环境温度和湿度以及操作者的熟练程度都会对测定产生影响。一般标准曲线的相对标准偏差（RSD）≤3%，相关系数（r）≥0.998 条件下可以测试。

（2）控制溶液的酸度　原子荧光分析对酸度要求很高，比如测定镉、铅、锌时要求测定以后排出的废液 pH 为 8 ~ 9，以保证氢化物的生成率。

（3）标准溶液一般需要加入稳定剂。

（4）砷价态的还原　测定时砷需要加入 100 g/L 硫脲或 50 g/L 硫脲 –50 g/L 抗坏血酸混合液，把五价砷还原为三价砷；测定汞时加入高锰酸钾转化成二价汞，再用 10 g/L 盐酸羟胺还原过剩的高锰酸钾；测定镉时加入 0.5 g/L 二硫腙 – 四氯化碳，在 0.2 mol/L 硫酸酸度下可以有效减小铜的干扰。另外要注意，不同价态元素需要的氢化反应的条件不同，比如测定不同价态的砷时需要预先把砷处理成相应的价态。表 2–2 列出了用原子荧光光度计测定几种常见元素的样品处理方法和检出限。

表 2–2　氢化物 – 原子荧光法测定环境样品和食品中常见元素含量的样品处理方法和检出限（引自：贺立源，2009）

元素	试样	样品处理方法	检出限
汞	土壤	加入王水（浓盐酸和浓硝酸的体积比是 1 : 1），沸水中消解 120 min	0.009 9 mg/kg
	烟草	硝酸浸泡过夜，浸提液中加入盐酸	0.009 9 mg/kg
	茶叶	硝酸浸泡过夜，次日加入硫酸低温消解、有泡沫出现后停止加热，发泡停止后加热回流 2 h	0.02 mg/mL
砷	底泥	微波消解样品，流动注射蒸汽发生测定	0.005 mg/kg
	土壤	样品与浓硫酸、浓硝酸、高氯酸混合，在电热板上消解，冷却后加盐酸、硫脲 – 抗坏血酸，用去离子水定容	0.028 mg/kg
	苹果	样品用浓硫酸、高氯酸处理过夜（样品与酸的体积比是 4 : 1），次日于电热板上消解，加盐酸和抗干扰剂	1.26 ng/g
	土壤水溶液	在 pH = 7 的条件下水溶态三价砷不被 717 型强碱阴离子树脂吸附，而五价砷可以被完全吸附分离	三价砷：0.23 ng/mL 五价砷：0.05 ng/mL
硒	土壤或母质	加硝酸、盐酸和高氯酸消解样品，然后用 100 g/L 盐酸溶解，经巯基棉柱吸附，再用 1 : 1 硝酸洗脱，于 200 g/L 盐酸 –50 g/L 硝酸介质中测定	0.005 mg/L

续表

元素	试样	样品处理方法	检出限
铅	土壤或母质	铁氰化钾碱性条件下测定痕量铅。通过加入氧化剂$(NH_4)_2S_2O_8$和酒石酸抑制或消除干扰离子	0.17 ng/mL
	蔬菜	加硝酸、高氯酸消解样品（体积比为 4 : 1），加入 100 g/L $K_3[Fe(CN)_3]$与20 g/L $H_2C_2O_4$的混合液放置 30 min	0.39 ng/mL

4. 应用范围

利用原子荧光光度计可以测定原子吸收法测定时分辨率较低元素，如砷、铅、汞，这些元素在农业、环境、食品等领域都是必不可少的分析项目，氢化物－原子荧光光谱是测定这些元素应用最广的方法。但是原子荧光分析法对于复杂基体及含量高的样品分析还有一定局限，可以作为原子吸收方法的补充。

二、色谱分析技术

（一）高效液相色谱分析技术

1. 基本结构与分析原理

高效液相色谱通常包括高压输液系统、进样系统、色谱柱、检测器和数据处理系统等单元组件。高压输液系统包括储液器、高压输液泵、梯度洗脱装置等。进样系统一般使用六通进样阀或自动进样器。色谱柱一般为内壁光滑的不锈钢或塑料柱管，标准内径为 4.6 mm，柱长一般为 10～50 cm，使用时注意流动相的方向与色谱柱方向一致。高效液相色谱常用的检测器种类有紫外－可见光检测器（UV–Vis）、示差折光检测器（RID）、荧光检测器。

2. 分离原理与分析流程

高效液相色谱分离的基本原理是被分离的物质在固定相和流动相的分配系数不同，在两相中做相对运动时，经过反复多次的吸附－解吸的分配过程，各组分在移动速度上不同而被分离。通过检测器时，样品浓度被转换成电信号传送到记录仪，数据以图谱形式呈现出来。

液相色谱法按照固定相和流动相的极性不同分为正向色谱法（NPC）和反向色谱法（RPC）。正向色谱法采用极性固定相（如聚乙二醇、氨基－腈基结合键）、流动相为非极性的疏水溶剂（如烷烃类），常用于分离中等极性或极性较强的化合物（如酚类、氨基酸类）。反向色谱法一般采用非极性固定相（如 C18、C8），流动相为水或缓冲液，常加入甲醇、乙腈等调节保留时间，反向色谱法使用范围较广，适用于分离非极性和极性较弱的化合物。

分析流程：高压输液系统把储液器中的流动相以稳定的流速输送到分析体系，在色谱柱之前由进样器将样品导入，流动相将样品依次带入预柱、色谱柱，样品在色谱柱中被分离并随流动相送入检测器，样品浓度被转换成电信号传送到记录仪，数据以图谱形式被送至数据处理系统。

3. 注意事项

（1）流动相的选择　流动相应选择色谱纯试剂、超纯水，酸碱液或其他缓冲液需要过滤后过 0.22 μm 或 0.45 μm 水相或有机相的微孔滤膜，然后进行超声脱气处理，流动相需要每天更换以防止长霉。

（2）样品预处理　采用离心或过滤方法处理样品，确保样品不含固体颗粒，一般用流动相溶解或制备样品。

（3）泵的使用　要避免泵在使用过程中把气泡带入样品，泵的清洗液应该经常更换，一般不超过一周。仪器长期不用时，应该把泵、流动相过滤器等保存在有机溶剂条件下。

（4）进样阀的使用　手动进样的进样针需要在进样前后用洗针液洗干净，洗针液一般使用与样品制备相同的溶剂。

（5）色谱柱的使用与选择　用前仔细阅读色谱柱说明书，注意适用范围、pH、流动相类型等。如果所用的流动相含有盐，需要用相同比例的水与有机相的流动相冲洗 20 min 以上后更换含盐流动相，反向色谱柱使用完毕后需要先用相同比例的水与有机相的流动相冲洗，再用纯有机相冲洗。不要高压冲洗色谱柱。

色谱柱的选择是高效液相色谱分析方法的第一步，一般可以根据化合物分子量的大小、极性及 *pKa* 选择合适的分离模式，在合适的分离模式下优化同类色谱柱和流动相，色谱柱的一般选择方法如图 2–5、图 2–6 所示。

4. 应用范围

高效液相色谱具有分离能力强、分析速度快、操作方便等优点，广泛应用于植物、土壤、环境样品的分析和农产品的品质分析，是植物营养学研究中检测根系分泌物、植物激素、糖类等有机化合物的常用仪器。

（二）气相色谱分析技术

1. 基本结构与分析原理

气相色谱（gas chromatography，GC）由六部分组成：载气系统、进样系统、分离系统、检测系统、数据处理系统和温度控制系统。常用的载气有氢气和氮气。进样可采用注射器进样、液体自动进样（适用于批量自动进样，减小人为进样误差）、气体阀进样（重复性好，可以避免空气对样品的污染）、分流进样（用于微量样品进样）、顶空进样（用于挥发性有机化合物进样）。分离系统主要指色谱柱，色谱柱有填充柱和毛细管柱两类，由柱管和固定相组成，是色谱仪的核心部件。固定相的选择基本是按照“相似相溶”原则，尽量选择与待测样品有相似性的固定相，以提高分离效果。

气相色谱是以气体为流动相的一种检测技术，其基本原理是待测样品被流动相带入色谱柱以后，与柱内的固定相发生作用，由于不同组分在两相中的分离系数不同而达到

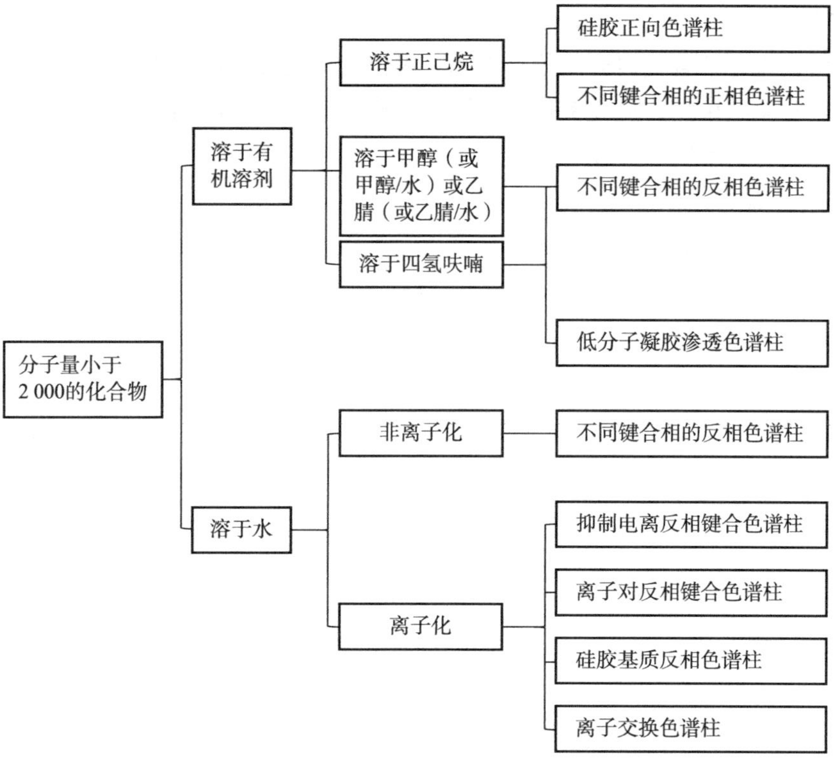

图 2–5　分子量小于 2 000 的化合物的分离方法（引自：刘雪静，2019）

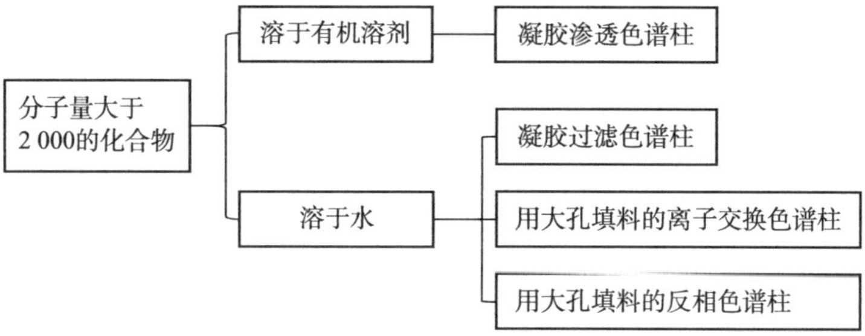

图 2–6　分子量大于 2 000 的化合物的分离方法（引自：刘雪静，2019）

分离。根据不同组分的出峰时间和色谱峰的强弱做定性和定量分析。

2. 一般使用流程

各种气相色谱仪的型号和性能虽然不同，但是操作步骤基本一致：连接气路、安装色谱柱、电源线；依次打开载气、空气发生器、氢气，调整气流至合适值；打开仪器开关；设定色谱柱、检测器和汽化室的温度；打开色谱工作站、设置实验条件；当温度达到设定温度并且基线稳定后取试样注入汽化室进行测定；测定结束后，将色谱柱温度、检测器温度和汽化室温度设置为 50℃，降到 50℃以后先关闭仪器电源，再关闭载气。

3. 注意事项

实验前，先打开载气再开启仪器电源，确保载气通过检测器以后再打开检测器的桥电流开关。实验结束后，应先关仪器电源再关载气。待测样品内不能有气泡，进样速度要快，避免进样量不均一造成的分析误差。

4. 应用范围

气相色谱具有分离效率高、分析速度快、灵敏度高等特点，用于分离和分析某些同位素、顺反异构体、旋光异构体等。在植物营养学研究中常用于检测气体分子如乙烯、乙醇、氧化亚氮、氢气等，还可以用于检测固氮酶的活性。

第四章　植物盆栽培养方法

与田间试验不同，盆栽实验是把植物培养在特定容器中，在人为控制环境条件下进行不同实验处理效果的比较。常见的植物盆栽培养方法有土壤培养、溶液培养和砂砾培养。

第一节　土 壤 培 养

1. 土壤、盆钵和肥料的选择

土壤培养（简称土培）是以土壤为培养介质、应用最为广泛的一种接近自然环境条件的盆栽实验方法，目的是研究作物根系对土壤养分的吸收利用以及肥料利用率等。其基本步骤包括土壤的选择和准备、盆钵的选择和肥料的准备。

根据实验要求，选择的土壤要有代表性，比如开展钾肥肥效的实验，应采集缺钾土壤作为培养基质。另外，还要注意土壤不要受到其他养分的污染。准备好的土壤过 3 mm 筛，挑出石子、根系等杂物，并注明土壤类型、采集时间与地点、采集人、土壤基本理化性质，如含水量、pH、有机质含量、氮磷钾含量等信息。

常用的盆钵材质有玻璃、陶土、陶瓷、塑料等，按照盆钵构造分为瓦氏盆、米氏盆、阿尔盆和普通盆。瓦氏盆使用较普遍，规格有 25 cm × 30 cm 和 20 cm × 20 cm。米氏盆适用于研究土壤有效养分与作物生长相关性。盆钵的质地和大小应根据实验目的、作物种类、实验时间长短等因素综合确定。一般禾谷类和豆科作物可以选择 20 cm × 20 cm 的盆，玉米或棉花可以选择 25 cm × 30 cm 或 30 cm × 30 cm 的盆。

盆钵实验所用的肥料种类应根据不同土壤类型进行选择。对于酸性土壤，氮素一般选用硝酸铵与硝酸钙的混合物，氮钾肥可以选择硝酸钙和硝酸钾的混合物。对于石灰性土壤，氮磷肥一般选择硝酸铵、磷酸二氢铵、磷酸氢二铵的混合物。磷肥可以选择磷酸一钙、磷酸二钙。土培实验的肥料用量一般高于田间试验用量的 2 ~ 3 倍，不同土培的作物施肥量不同，常见作物土培实验肥料的一般用量可参考表 2–3。

表 2–3　常见作物土培实验肥料的一般用量（参考：申建波，2011）　　单位：g/kg

作物种类	N	P_2O_5	K_2O
禾谷类	0.15	0.10	0.15 ~ 0.30
豆科	0.02 ~ 0.04	0.15 ~ 0.19	0.10 ~ 0.15
棉花	0.15 ~ 0.20	0.15 ~ 0.20	0.15 ~ 0.20

2. 装盆、播种与定植

实验用的土壤和肥料称好后可以事先在一个大容器中混合均匀，然后称重装盆，装盆后各盆浇灌等体积的水，保持土壤含水量相对一致。播种可以采用播种板进行，也可以直接点播，即把催芽的种子点在土上、再覆盖一层干土，播种后在土上盖一薄层石英砂。出苗后 1 ~ 2 周开始间苗，小麦每盆 10 株左右、豆类 20 株左右、水稻 10 ~ 15 株、玉米或棉花 1 株。

3. 管理与收获

盆钵采用区组排列，区组内盆钵是随机排列。土培实验成功的关键因素之一是土壤水分的控制，即保持各盆水分含量一致。灌水的方式有两种：对于米氏盆，当盆底开始流水即停止浇水，保证盆内含水量在最大田间持水量以上。灌水法是每次灌水都称重、使土壤含水量保持在田间持水量的 60% ~ 70%。盆栽的水稻一般保持 4 ~ 6 cm 的厚水层，各盆的厚水层也应一致。

土培实验作物在黄熟后应立即收获，收获时用剪刀贴近土面收割，分装后编号、称鲜重、考种、脱粒；茎秆、籽粒于 60℃烘干后称重。

第二节　溶 液 培 养

1. 常用营养液及其成分组成

溶液培养（简称液培）实验泛指除土壤以外的其他介质培养方法，一般通过控制营养液的养分组成和浓度研究生物学效应。营养液必须含有植物生长所需的全部营养元素，其中养分的含量和比例能满足生长需要。常见的营养液种类有水稻营养液、旱作营养液、不完全营养液及其他营养液等。水稻营养液常用的有木村营养液和国际水稻所常规营养液，旱作营养液中使用最广泛的是霍格兰营养液，其配方如表 2–4、表 2–5、表 2–6 与表 2–7 所示。

2. 栽培与管理

液培容器一般使用黑色塑料桶，桶的容积可根据植物大小适当选择。小容器容积

表 2-4　木村营养液配方

成分	含量 / (mg · L^{-1})	盐类	盐类用量 / (g · L^{-1})
NH_4^+–N	10.2	$(NH_4)_2SO_4$	0.048 2
NO_3^-–N	12.8	$MgSO_4$	0.065 9
K_2O	13.0	KNO_3	0.018 5
P_2O_5	17.2	KH_2PO_4	0.024 8
CaO	20.5	$Ca(NO_3)_2$	0.059 9
MgO	22.1	$FeC_6H_5O_7$	0.002 ~ 0.05

表 2-5　国际水稻所营养液配方 (大量元素储备液)

元素	营养液的元素浓度 / (mg · L^{-1})	盐类	盐类用量 / (mg · L^{-1})
N	40	NH_4NO_3	114.3
P	10	$NaH_2PO_4 \cdot 2H_2O$	50.4
K	40	K_2SO_4	89.3
Ca	57.1	$CaCl_2$	158.2
Mg	40	$MgSO_4 \cdot 7H_2O$	405.0

表 2-6　国际水稻所营养液配方 (微量元素储备液)

<table>
<tr><th>元素</th><th>营养元素浓度 / (mg · L^{-1})</th><th colspan="2">盐类</th><th>盐类用量 / (mg · L^{-1})</th></tr>
<tr><td>Mn</td><td>0.50</td><td colspan="2">$MnCl_2 \cdot 4H_2O$</td><td>1 500</td></tr>
<tr><td>Mo</td><td>0.05</td><td colspan="2">$(NH_4)_6Mo_7O_{24} \cdot 2H_2O$</td><td>74</td></tr>
<tr><td>B</td><td>0.20</td><td colspan="2">H_3BO_3</td><td>934</td></tr>
<tr><td>Zn</td><td>0.01</td><td colspan="2">$ZnSO_4 \cdot 7H_2O$</td><td>35</td></tr>
<tr><td>Cu</td><td>0.01</td><td colspan="2">$CuSO_4 \cdot 5H_2O$</td><td>31</td></tr>
<tr><td colspan="5">各种盐分别溶解，再与 50 mL 硫酸混匀，加去离子水稀释至 1 L。使用时每 4 L 营养液添加微量元素储备液 5 mL</td></tr>
<tr><td>EDTA–Fe</td><td>2.0</td><td colspan="3">称取 1 L 去离子水，取其中的大部分水加入 7.45 g EDTA–Na_2 中（不溶），另一部分加入 5.57 g $FeSO_4 \cdot 7H_2O$ 溶解，然后把 EDTA–Na_2 溶液放在电炉上加热至 70℃后溶解，再缓缓加入 $FeSO_4 \cdot 7H_2O$ 溶液，边倒边搅拌，待溶液变为棕黄色，放入烘箱 70 ℃保温 2 h。用时每升营养液需加 EDTA–Fe 2 mL</td></tr>
<tr><td>Si</td><td>56（2.00 mmol/L）</td><td colspan="3">568 mg/L $Na_2SiO_3 \cdot 9H_2O$ 营养液</td></tr>
<tr><td>二氰胺（硝化抑制剂，分子量为 84.08）</td><td></td><td colspan="3">5.89 g/L，用时每升营养液加母液 1 mL</td></tr>
</table>

表 2-7　霍格兰营养液配方

母液种类	溶质	物质的量浓度	质量浓度	浓缩液中的质量浓度 /（$g \cdot L^{-1}$）	1/2 营养液中的质量浓度 /（$g \cdot L^{-1}$）
A（100×）	KNO_3	5 mmol/L	505.55 mg/L	50.555	25.278
	$Ca(NO_3)_2 \cdot 4H_2O$	5 mmol/L	1 180.75 mg/L	118.075	59.038
B（100×）	$Mg(NO_3)_2 \cdot 7H_2O$	2 mmol/L	492.94 mg/L	49.294	24.647
	KH_2PO_4	1 mmol/L	136.09 mg/L	13.609	6.545
C（1 000×）	H_3BO_3	0.045 mmol/L	27.82 mg/L	2.782	1.391
	$MnCl_2 \cdot 4H_2O$	0.01mmol/L	19.79 mg/L	1.979	0.99
	$ZnSO_4 \cdot 7H_2O$	0.8 μmol/L	2.3 mg/L	0.230	0.115
	$CuSO_4 \cdot 5H_2O$	0.3 μmol/L	0.75 mg/L	0.075	0.038
	$Na_2MoO_4 \cdot 2H_2O$	0.4 μmol/L	0.97 mg/ L	0.097	0.049
铁盐	$FeSO_4 \cdot 7H_2O$	0.02 μmol/L	55.61 mg/L	5.561	2.781
	EDTA-Na_2	0.02 μmol/L	74.85 mg/L	7.485	3.743

注：配制完全营养液时，取 A、B 液各 10 mL，C 液与铁盐各 10 mL，定容到 1 L。

0.5 ~ 1 L、大容积 4 ~ 10 L。容器上应加硬质塑料盖板或泡沫聚乙烯板，板上孔径根据苗的大小而定。幼苗经过一周左右时间的生长，根系长达 5 ~ 7 cm 即可移栽，幼苗用海绵或纱布固定在盖板上。

液培实验的管理应注意以下方面：①保证充足的氧气。保持通气，促进根系生长以及根系对养分的吸收，避免发生腐根现象。在植物生长初期每天通气 5 ~ 10 min，生长后期通气时间应加倍。②调节溶液的 pH。营养液的缓冲性有限，pH 容易变化，应经常调节溶液的 pH 以维持植物正常生长的适宜 pH，水稻培养液的 pH 一般维持在 5.5 左右。③营养液定期更换。植物生长过程中会不断消耗水分和养分，需要经常更换营养液，在植物生长初期可以 2 ~ 3 d 更换一次营养液，后期随着植株长大最好每天更换营养液，一般在更换营养液时补充适量的柠檬酸铁或 EDTA-Fe，防止植物缺铁。

第三节　砂 砾 培 养

1. 准备工作

砂砾培养（简称砂培）是以砂子或砺石作为培养基质的一种盆栽培养方法，它以营养液作为植物生长的养分来源，是介于土培和液培之间的一种实验方法。培养基质可以用石英砂或河沙，砂粒的大小取决于砂培方法和植物种类。砂石或河沙先用水浸泡然后冲洗干净，稀酸浸泡几天再用水洗干净备用。砂培容器一般采用瓷或玻璃盆，盆的底部带有排水孔。砂培所用的营养液与水培培养的营养液成分相同。

2. 栽培与管理

在装盆前可以先用粗砂或玻璃棉塞住排水孔，防止细沙漏出，压紧砂子，盆上留出约 2 cm 高的空间，方便浇灌营养液。幼苗移栽方法与土培实验基本相同。砂培实验期间的管理主要是水分和养分的管理，由于砂粒有一定的持水力，多采用间歇性灌溉补充水分和营养。灌溉方式有砂面浇灌法和底部浇灌法，砂面浇灌法是利用空气压缩机把营养液从砂面灌入，多余的液体回收进入储液瓶。由于空气压力的作用，止回阀的玻璃珠下压防止溶液进入储液槽，营养液从输液瓶进入塑料管自上而下浇灌，多余的溶液从排液管流回储液槽，这样保证定时定量浇灌，有效避免了人工浇灌带来的实验误差。

砂培实验管理应注意的事项有：在苗生长初期一般一天浇灌一次，生长旺盛期一天浇灌两次，培养水稻等水生植物时注意控制砂面水层厚度一致；植物生长期间可以通过加盖、压砂等措施防止藻类生长。实验期间植物的生长观察、收获、考种等与土培方法基本一致。

第三篇　植物营养学基础型实验

第五章　根系形态与质子分泌的观察与测定

实验1　根系形态与结构的观察

一、实验目的

根的主要功能是固定植物并吸收土壤中的水分和营养物质。根具有重要的生物合成作用：合成多种氨基酸、生物碱和有机氮；分泌多种化合物如糖类、氨基酸、有机酸、抗生素等；还具有分解和化感（allelopathy）作用。因此，根系是植物与外界环境之间进行物质、能量和信息交换的重要器官。本实验要求了解根系的类型，掌握利用根系扫描仪观测根系形态性状的技术；学会辨认根尖的分区以及根的初生结构和次生结构的特征，为更好地理解掌握根在植物养分吸收利用中的功能奠定基础。

二、实验原理

1. 根的形态

根据根的形态，种子植物的根系一般分为直根系和须根系（图 3–1）；根据发生时间

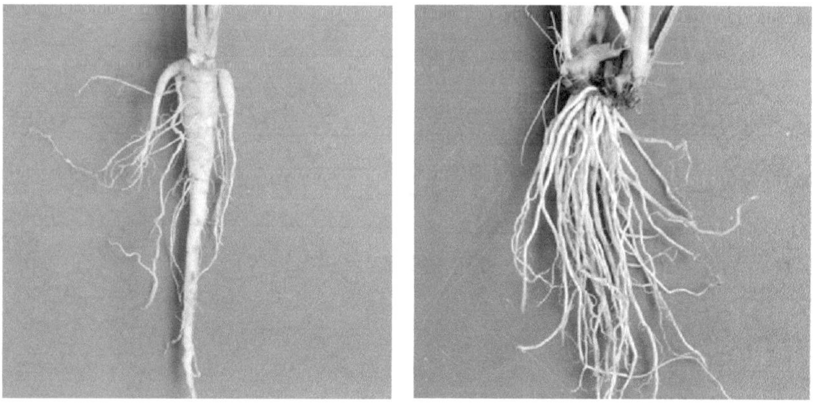

A　　　　B

图 3–1　植物的根系

A. 直根系，翅果菊（*Lactuca indica*）　B. 须根系，车前（*Plantago asiatica*）

和部位，根的基本形态分为定根和不定根。定根又包括主根和侧根（图 3-2）；主根的发生时间较早，又称初生根，在主根上产生的分支称侧根又称次生根。植物除了由种子产生的定根以外，还可以在茎、叶、老根等部位产生不定根。

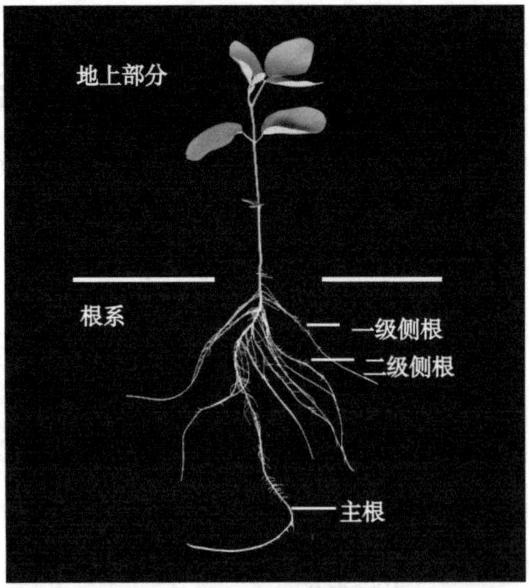

图 3-2　大豆的主根和侧根（田江实验室供图）

2. 根尖的结构

经过根的制片染色以后根尖的结构可以在显微镜下观察。根的初生结构由初生组织分化而来，从外到内分为表皮、皮层和中柱三部分。中柱由原形成层分化而来，由中柱鞘、初生木质部、初生韧皮部和薄壁细胞组成。双子叶植物的根具有次生生长和次生结构，禾本科植物的根只有初生结构，没有次生生长和次生结构（图 3-3）。

根尖是根的顶端生长最活跃的部分，从顶端起依次分为根冠、分生区、伸长区和成熟区，其中分生区是产生新细胞、促进根尖生长的主要区域（图 3-4）。

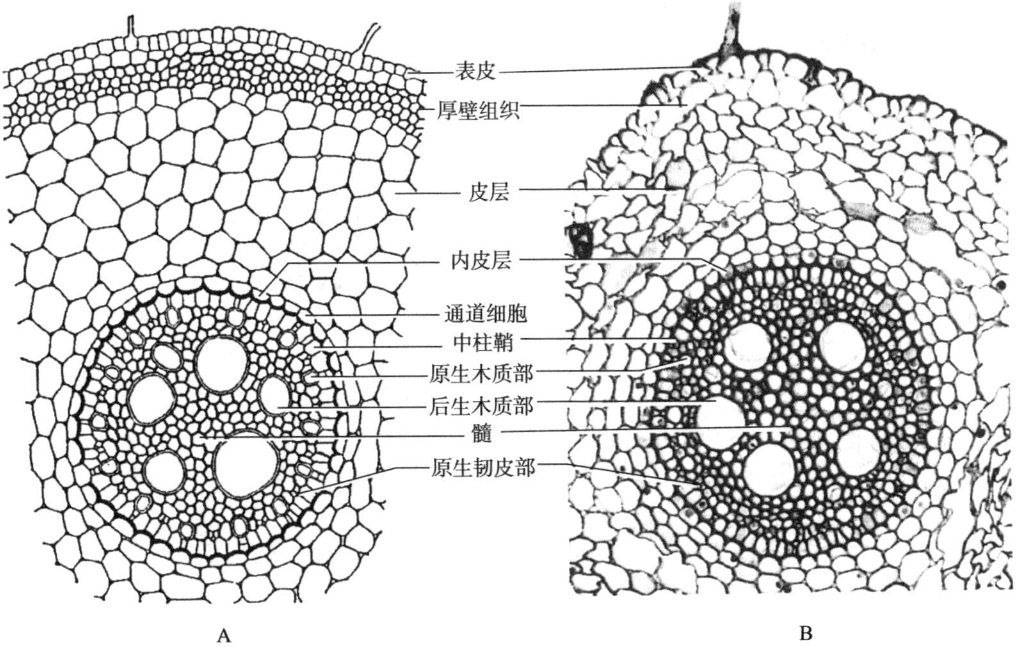

图 3-3　小麦根的初生结构（引自：强胜，2006）

A. 示意图　B. 实物图

3. 根系扫描仪的工作原理

根系扫描仪是把扫描系统与图像分析软件相结合，利用软件分析根系的长度、直径、表面积、体积和根尖数量等指标。根系扫描仪可以全方位拍摄根系的立体照片，显示根系响应逆境胁迫的动态特征，是一种非损伤性的原位根系分析方法。

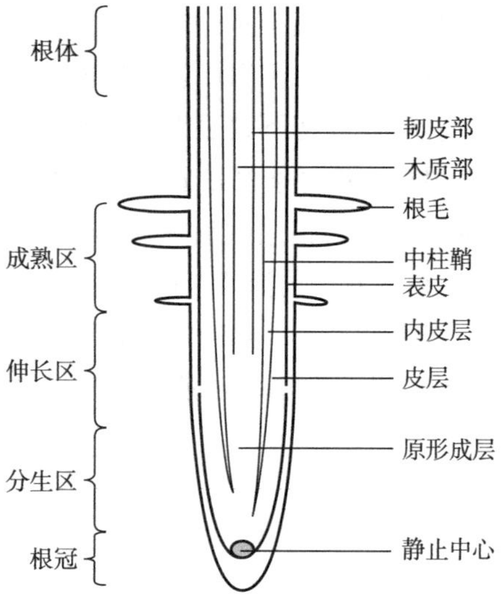

图 3–4　根尖的形态结构（引自：严小龙，2007）

三、实验材料试剂与器具

1. 材料

水培 8 d 的大豆幼苗根系；根尖标准片。

2. 试剂

（1）中性红染液母液

称取 2 g 中性红于小烧杯内，溶解并定容至 100 mL，配制成 100× 母液，避光 4℃保存，使用时稀释 100 倍，即为 0.2 g/L 中性红染液。

（2）FAA 固定液

分别量取 5 mL 380 g/L 甲醛、5 mL 无水乙酸与 90 mL 70% 乙醇，混匀即可。

（3）透明液（水合氯醛试液）

称取 5 g 水合氯醛，加 15 mL 双蒸水与 10 mL 甘油溶解。

（4）其他试剂

0.2 g/L 的钌红染色液、霍格兰营养液、1 mmol/L KOH 溶液、1 mmol/L H_2SO_4。

3. 仪器

根系扫描仪、振动切片机、体视镜、光学显微镜、恒温培养箱。

4. 用具

载玻片、盖玻片、镊子、扫根盘、通气石、通气管、通气泵、KT 板、剪刀、烧杯。

四、实验步骤

（一）大豆幼苗根系扫描测定

1. 大豆幼苗水培处理

选取大小均一、干净饱满的大豆种子，采用砂培育苗的方法，将大豆种子播种在干净、湿润的石英砂中，于恒温培养箱内萌发 4 ~ 5 d，待种子萌发后，挑选萌发良好且一致的幼苗转移至大豆全营养液（霍格兰营养液）中培养，每周更换一次营养液，每 3 d 校正一次 pH（5.8 ~ 6.0），用 0.1 mmol/L KOH 或者 H_2SO_4 溶液调节 pH，培养期间通气装置设定为 15 min/h。水培 8 d 后观察大豆根系状态。

2. 大豆幼苗根系扫描

将幼苗小心从水培装置中取出，使用双蒸水在烧杯中清理根系 2 ~ 3 遍，之后使用剪刀从根茎处剪下大豆根系，放入扫根盘中，使用直尺测量大豆主根长并统计侧根数；在扫根盘中把每条根完全展开（图 3–5），之后使用根系扫描仪（以 EPSON 扫描仪为例）扫描根系，扫描结束后使用 WinRHIZO 软件分析根系参数（总根长、根直径、根表面积）。扫描时，选择“专业模式”，文稿类型选择“反射”，文稿来源选择“文稿台”，自动曝光类型选择“照片”，图像类型选择“24– 位全彩”，文稿大小和目标尺寸选择默认值，参数设置如图 3–6 所示。统计侧根数时以 0.5 cm 左右为最短侧根。

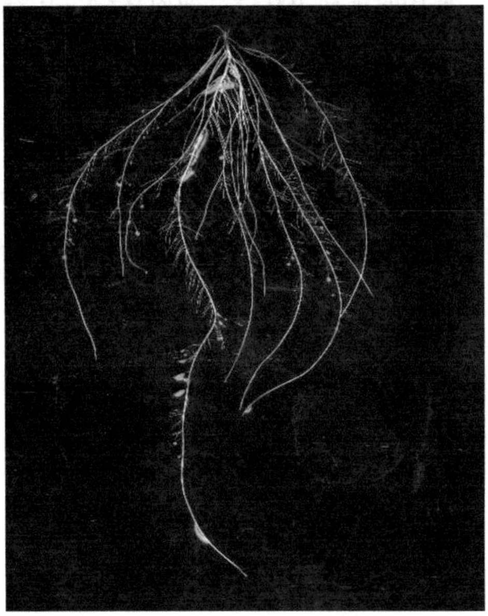

图 3–5 大豆幼苗根系（田江实验室供图）

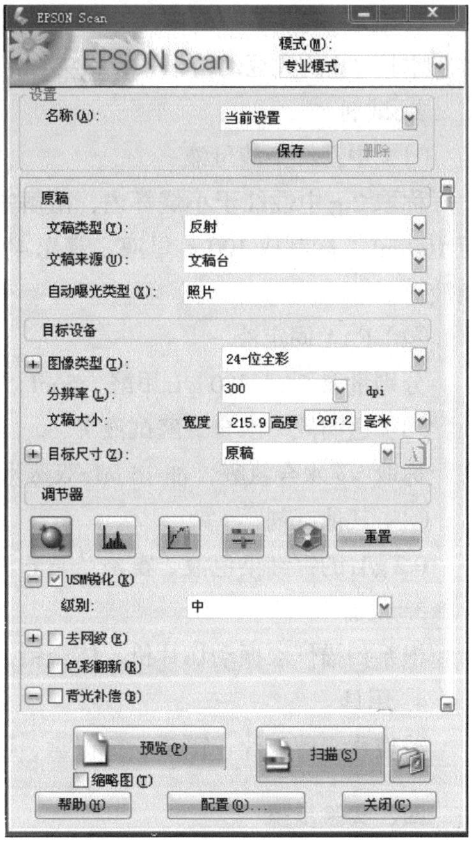

图 3–6 EPSON 根系扫描仪参数设置

3. 大豆幼苗侧根原基中性红染色与观察

将距离根尖 4 ~ 5 cm 的根用解剖刀切下，放入盛有 FAA 固定液的离心管中，固定 24 h，再将固定液倒出，加入 0.2 g/L 的中性红染液，染色 10 ~ 15 min；染色结束后用水清洗 3 次，置于透明液中 5 min 后可在体视镜下使用透射光观察侧根原基。

（二）根尖结构的观察

1. 大豆根尖结构的制片与观察

使用低熔点琼脂糖包埋法制作切片。取距离根尖 0.5 cm 左右的根尖，用 70 g/L 的低熔点琼脂糖包埋，凝固后在振动切片机上进行切片，取距离根尖 1 mm 左右的切片，用 0.2 g/L 的钌红染色液浸染 5 min，再用双蒸水漂洗 10 min，在显微镜下观察根尖的结构。

2. 根尖标准片的观察

用镊子取一张根尖标准片，在低倍镜下观察根尖的分区。拍照、记录。

五、结果记录

观察大豆侧根原基及根尖的横切结构。

六、实验报告与思考题

1. 实验报告

根据实际观察内容绘制根尖分区示意图，拍照或绘制根的初生结构、次生结构，并注明各部分名称。

（1）大豆幼苗侧根原基和结构的观察

图 3–7 显示了大豆侧根原基，图 3–8 显示了大豆根尖的表皮、皮层、中柱等结构。

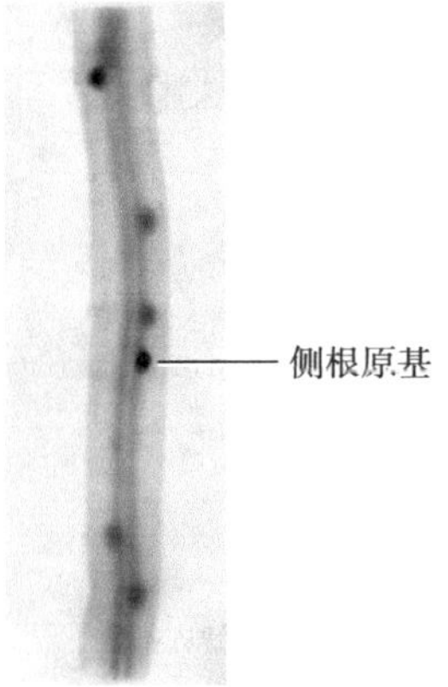

图 3–7　大豆侧根原基（田江实验室供图）

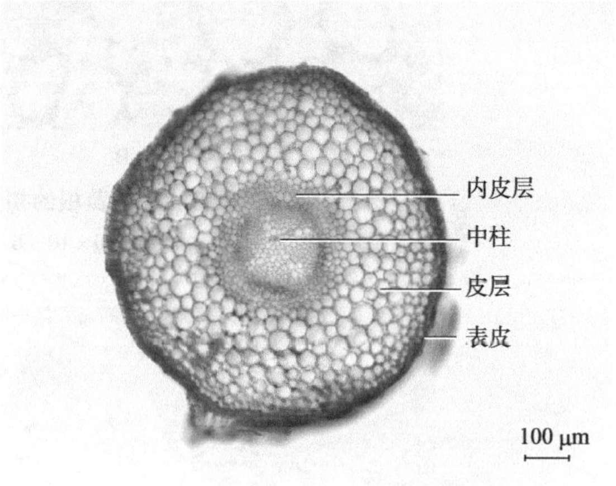

图 3–8　大豆根尖横切（田江实验室供图）

（2）双子叶植物根的初生结构和次生结构

图 3–9 比较清楚地显示了不同放大倍数下毛莨根的初生结构，从外到内依次为表皮、皮层、内皮层、初生木质部、初生韧皮部（图 3–9A），在 10 × 40 放大倍数下还可以清楚地看见凯氏点和中柱鞘（图 3–9B）。从图 3–10 可以清楚看到棉花老根的次生结构，次生木质部、次生韧皮部细胞特征显著。小麦根的初生木质部与初生韧皮部

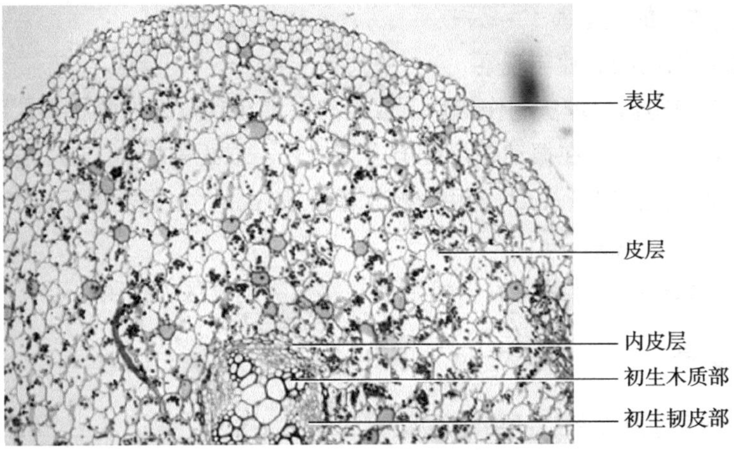

A

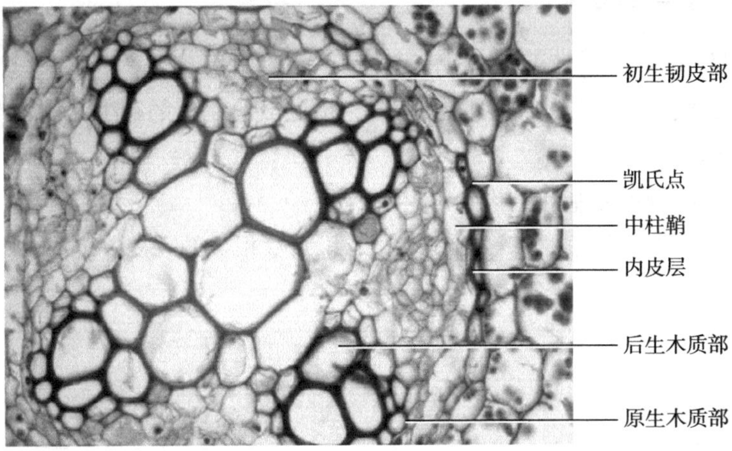

B

图 3–9　毛茛根的初生结构（横切）

A. 放大倍数：10 × 10　B. 放大倍数：10 × 40

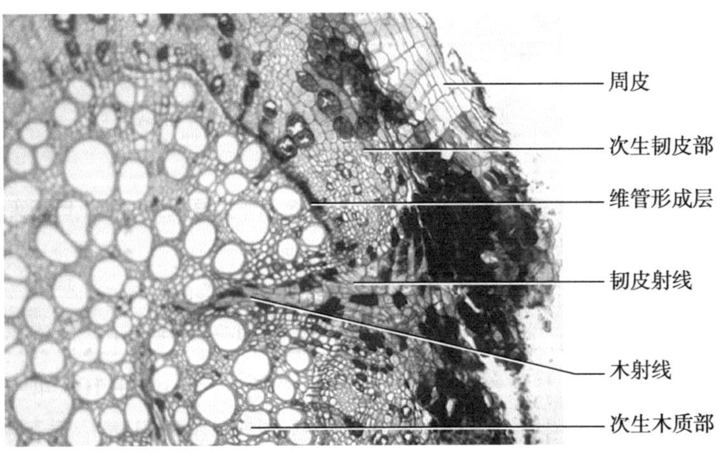

图 3–10　棉花老根的次生结构（横切，放大倍数 10 × 10）

（图 3–11、图 3–12）结构组织差异显著：初生木质部中，原生木质部导管直径小，靠近中柱鞘，而后生木质部导管直径大，靠近根的中心，初生韧皮部细胞大小差别不明显，且排列紧密，位于相邻的两个初生木质部之间。水稻与小麦根的初生结构的最大不同在于水稻中柱以外有大的气腔（通气组织）（图 3–13），以适应淹水条件下气体（主要是氧气）的运输。

（3）禾本科植物根的初生结构

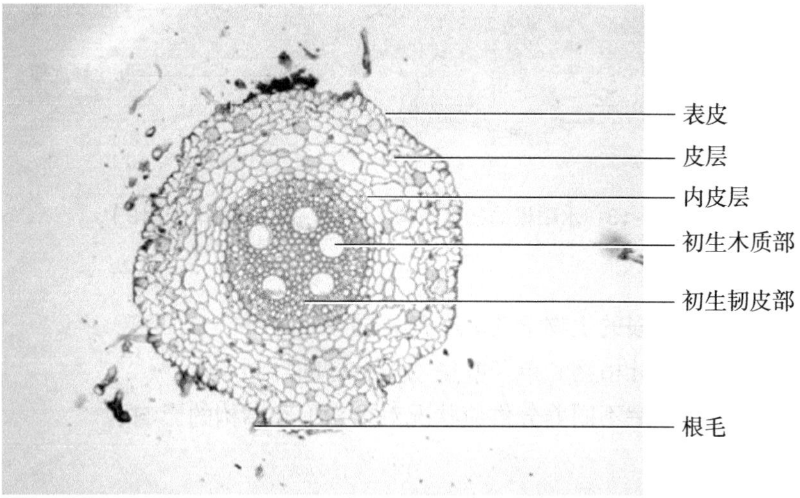

图 3–11　小麦根的初生结构（横切，放大倍数 10×10）

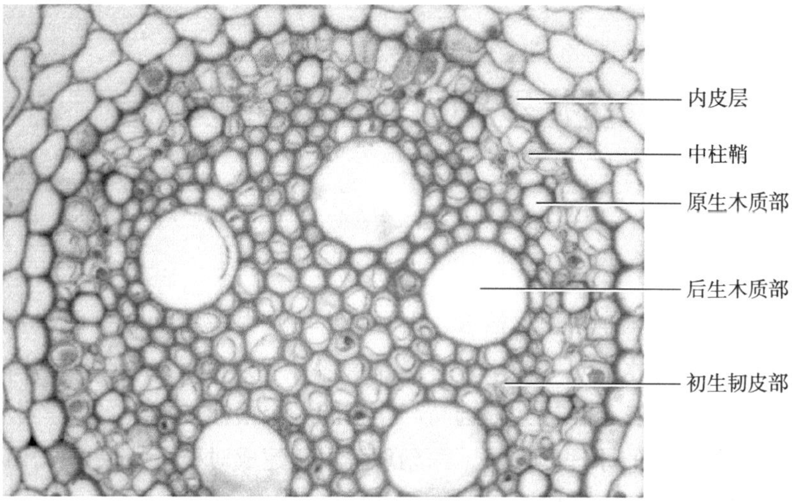

图 3–12　小麦根的初生结构（横切，放大倍数 10×40）

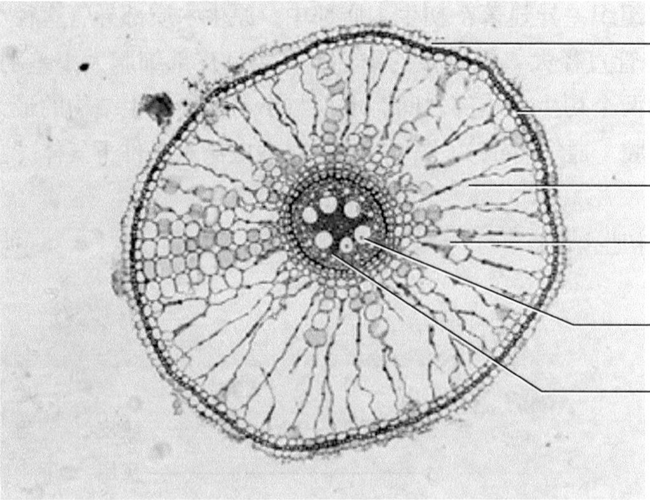

图 3-13　水稻根的初生结构（横切，放大倍数 10×10）

2. 思考题

（1）大豆主根和侧根的生物学功能有何异同？

（2）列表比较双子叶植物和单子叶植物根结构的异同点。

（3）查阅文献，了解不同养分供应状况对根系形态结构的影响。

数字课程学习

- 实验要点与注意事项
- 推荐阅读

实验 2　根鞘的观察与测定

一、实验目的

根鞘是一种形成于禾本科植物根部，由根际土壤及根表黏液与根毛相互胶结形成的鞘状土壤结构，具有保水隔热等作用，对提高植物对水分和养分的吸收效率具有重要作用。在育种上，形成根鞘正在成为筛选高产作物的一个指标。本次实验学习利用根系扫描仪分析测定水稻根鞘的原理和方法，深刻理解根鞘建成对根系的保护作用以及在水稻水分和养分利用效率中的生理功能。

二、实验原理

根鞘所形成的根－土界面作为一个连续体，扩大了根系与土壤的接触面积，有利于植物对水分和养分的吸收；根鞘含水量高于外界土壤，具有水分保持能力；根鞘的水势高于外界土壤，降低了根系表面的水分蒸发，提高了植物的水分利用效率，增强了植物的抗干旱能力。

根系扫描仪的工作原理参见本章“实验 1　根系形态与结构的观察”。

三、实验材料与器具

1. 材料

水稻幼苗。

2. 仪器

根系扫描仪、烘箱。

3. 用具

筛网、花盆。

四、实验步骤

将土壤放置在阴凉通风处，自然风干，敲打成较小颗粒后，过直径为 2 mm 的圆孔筛网。同时计算实验土壤的田间持水量。盆栽种植时，选用直径 10 cm、高 14 cm 的红色聚丙烯材料的圆筒状花盆，每盆装过筛干土 1.7 kg。盆底设有小孔，以防止花盆底部滞水，保持其良好的通气性，并在盆底放置一层纱网防止土从孔洞漏出。从萌发的水稻幼苗中选取长势一致的苗移栽至土壤中。

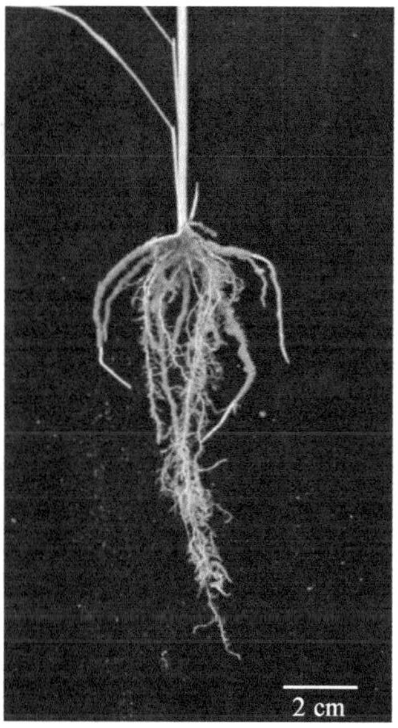

图 3–14　水稻根鞘与根鞘土（许卫锋实验室供图）

将水稻幼苗移栽至土壤中后，先进行一周的缓苗处理，期间每天灌溉 50 mL 去离子水，以保证水稻正常生长。缓苗结束后，通过称重的方式将土壤含水量调控至土壤田间持水量的 80%。处理期间，每天监测土壤含水量，将土壤含水量维持在土壤田间持水量的 80% 左右。处理两周后，将盆移去后小心地取出植株，用手托着根部将周围的根际土壤抖落，紧紧黏附在根系上无法抖落的土即为根鞘土（图 3–14）。用去离子水冲洗水稻根部，直至根鞘土壤全部冲洗干净。将含有根鞘土的土壤加适量去离子水制成悬浮液，转移至 50 mL 离心管，于常温下 5 000 r/min 离心 5 min，去除上清液，沉淀于 65℃烘箱中烘干至恒重，3 d 后收集干燥的根鞘土，并记录其干质量。将根系清洗干净后，利用根系扫描仪对整个根系进行扫描。然后使用 WinRHIZO 软件进行分析，分析根系的总长度。

五、结果计算

根鞘比的计算公式为：

$$根鞘比=\frac{根鞘土干重（mg）}{总根长（cm）}$$

六、实验报告与思考题

1. 实验报告

观察水稻根鞘形态并拍照，测定根鞘土质量如水稻的总根长，计算根鞘比。

2. 思考题

查阅文献，了解根鞘在植物适应逆境胁迫（干旱、缺磷等）中的生理功能。

数字课程学习

- 实验要点与注意事项
- 推荐阅读

实验 3　根边缘细胞体系的建立及对铝毒的反应

一、实验目的

根边缘细胞是从根冠表皮游离出来并聚集在根尖周围的一群特殊细胞，其发育受遗传调控，在逆境中发挥多种生物学功能。作为具有代谢活性和完整细胞壁的同源单细胞群，根边缘细胞的发现为研究根际微环境中元素吸收利用和相互关系提供了一个有利的工具。铝毒是植物在酸性土壤中生长和发育的主要限制因素，研究表明根边缘细胞是根尖在铝毒下的保护屏障，能减少活性铝进入细胞。本实验旨在学习掌握植物根单细胞——根边缘细胞的收集方法，以及铝处理后根边缘细胞活性的测定方法，为研究根系响应铝毒机制提供技术参考。

二、实验原理

根边缘细胞来源于根冠分生组织，存在于与根冠松散相连的水溶性黏胶层中，且根边缘细胞可以在包括蒸馏水在内的很大渗透势范围内存活较长时间而不发生解体或可见的细胞伤害。根边缘细胞可以通过培养皿或者雾培箱雾培器等大量培养，具有周期短、易提取等特点。

台盼蓝是一种细胞活性染料，常用于检测细胞膜的完整性，还常用于检测细胞是否存活。健康的活细胞的细胞膜可以阻止台盼蓝进入细胞，因而不会被染成蓝色；而死细胞因其膜的通透性增加，台盼蓝能进入细胞，则会被染成蓝色（图 3–15）。根据两种颜色细胞的分布计算出细胞的存活率。

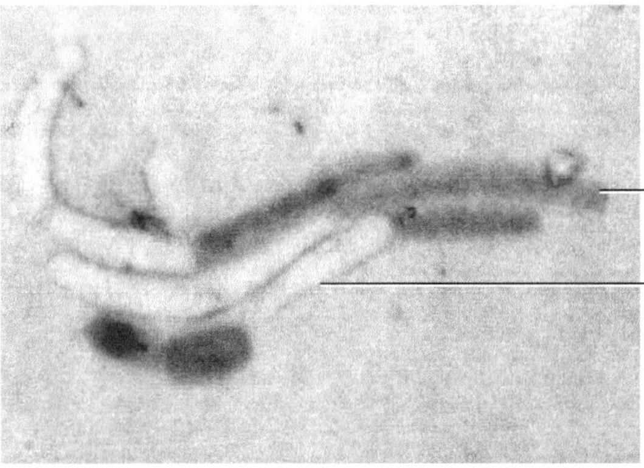

图 3–15　台盼蓝染色的根边缘细胞（喻敏实验室供图）

三、实验材料、试剂与器具

1. 材料

豌豆种子。

2. 试剂

（1）1 mol/L $CaCl_2$ 母液

将 55.492 g 的 $CaCl_2$ 溶解，用去离子水定容在 500 mL 容量瓶中，4℃储存。

（2）1 mmol/L $CaCl_2$ 溶液（pH 4.5）

吸取 200 μL $CaCl_2$ 母液在 200 mL 容量瓶中，用去离子水定容，调 pH 至 4.5。

（3）10 mmol/L $AlCl_3$ 母液

将 0.120 7 g 的 $AlCl_3 \cdot 6H_2O$ 溶解，用去离子水定容在 50 mL 容量瓶中，4℃储存。

（4）100 μmol/L $AlCl_3$ 溶液（含 1 mmol/L $CaCl_2$，pH 4.5）

吸取 200 μL $CaCl_2$ 母液和 2 mL $AlCl_3$ 母液于 200 mL 容量瓶中，用去离子水定容，调 pH 至 4.5。

（5）5 g/L 台盼蓝溶液（Trypan blue）

将 0.25 g 台盼蓝溶解在 50 mL 超纯水中，4℃储存。

（6）7 g/L 琼脂培养基（含 1 mmol/L $CaCl_2$）

将 1.4 g 琼脂溶解在 200 mL 的 1 mmol/L $CaCl_2$ 溶液中，微波炉加热溶解，将 pH 调至中性。选择较高的培养皿进行分装，静置冷却，4℃储存。

（7）其他试剂

75 g/L 次氯酸钠溶液。

3. 仪器

显微镜、恒温培养箱、分析天平、磁力搅拌器、微波炉。

4. 用具

根边缘细胞培养装置、移液器、容量瓶、离心管、镊子、玻片、培养皿、孔径 0.8 cm 的塑料网格、水盆、循环定时器开关。

一般采用培养基培养根尖以获得根边缘细胞。但是，在适宜湿度条件下大量培养细胞时，需要采用根边缘细胞雾培箱来采集。该装置主要由密封箱、网状培养架、水雾发生器等构成（图 3–16）。使用时，将植物种子放置在网状培养架上，定时启动水雾发生器（可加入实验需要的营养成分），使密封箱内的湿度保持适合种子发芽和生长的水平，待植物生长到符合要求后，可将植物连同网状培养架从密封箱内移出，并置于水中收集根边缘细胞。

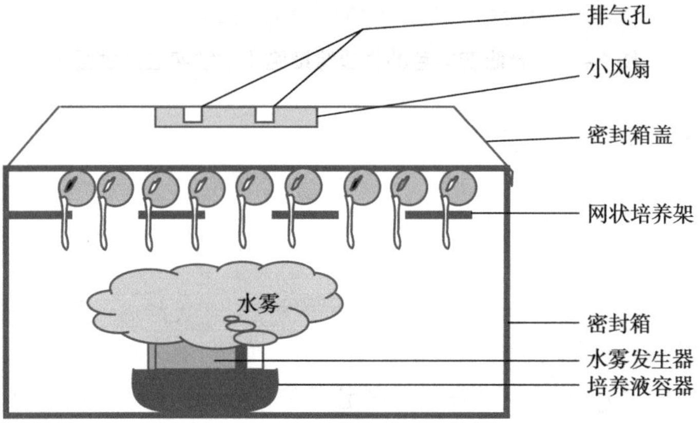

图 3–16　根边缘细胞雾培箱（喻敏实验室供图）

四、实验步骤

（一）根边缘细胞的收集——培养皿收集法

1. 取适量豌豆种子，用 75 g/L 次氯酸钠溶液浸泡 30 min 进行消毒，期间不间断搅拌使其消毒完全。

2. 用蒸馏水冲洗种子至无刺激性气味，用蒸馏水浸泡并用镊子去除漂浮、肿胀等发育不良的种子。

3. 用 1 mmol/L $CaCl_2$ 溶液浸泡豌豆种子 10 h，然后用镊子把种子移至培养基中，种子之间需要有一定的间隔，同时在培养基上盖一层滤纸，使根尖无法穿透培养基。

4. 将装有豌豆的培养基放入 26℃恒温培养箱培养，观察豌豆根长约 2 cm 时可进行根边缘细胞的收集。

5. 加入适量 1 mmol/L $CaCl_2$ 溶液，剪取根尖（约 50 根）并置于溶液中，长度约

1 cm，取完后用磁力搅拌器搅拌 3 ~ 5 min。

6. 用移液器吸取细胞悬液，分别移至 2 个 1.5 mL 的离心管（标签分别为：-Al、+Al）中，离心 2 min，去上清液，将烧杯中剩余的细胞悬液依次分别吸到这两个有标签的 1.5 mL 的离心管中，离心 2 min，去上清液，即得到根边缘细胞。

（二）根边缘细胞的收集——雾培收集法

1 ~ 2. 同培养皿收集法。

3. 用 1 mmol/L $CaCl_2$ 溶液浸泡 10 h 然后把豌豆转移至雾培箱中（每个雾培箱可培养豌豆 500 个以上）。

4. 在雾培箱的水盆中加满 1 mmol/L $CaCl_2$ 溶液，连接雾培器开始进行雾培，雾培器每 5 min 开启一次喷雾，雾培 36 h，即豌豆根长约为 2 cm 时可进行根边缘细胞的收集，方法同步骤（一）第 5 ~ 6 步。

（三）对根边缘细胞进行铝处理

1. “-Al 组” 细胞用 1 mmol/L $CaCl_2$ 溶液（pH 4.5）孵育 1 h，“+Al 组” 细胞用 100 μmol/L $AlCl_3$ 溶液（含 1 mmol/L $CaCl_2$，pH 4.5）孵育 1 h。

2. 处理结束后用 1 mmol/L $CaCl_2$ 溶液分别洗涤两组细胞两次并离心，并用 1 mmol/L $CaCl_2$ 溶液稀释到 1 mL 后待测。

（四）台盼蓝细胞染色并分析活性

1. 取 1.5 mL 离心管，加入 200 μL 细胞悬液，再加入 200 μL 5 g/L 台盼蓝染液，即细胞悬液与台盼蓝等体积混匀，染色 2 ~ 3 min。

2. 用移液器吸取 1.5 μL 混合液到干净的载玻片上，划出均匀的线，在正置显微镜下快速拍照，计算死细胞和总的细胞数量（其中被染成蓝色者为死细胞，未染色者为活细胞）。

五、结果计算

细胞活力 =（活细胞数量 / 总细胞数量）× 100%

六、实验报告与思考题

1. 实验报告

观察豌豆根边缘细胞的染色情况，统计活细胞与死细胞的数量。

2. 思考题

（1）为了保持根边缘细胞活性，实验中应注意什么？可以采取哪些措施以保持根边缘细胞的活性？

（2）台盼蓝染色法测定细胞活性应注意什么？

（3）+Al 组细胞的存活率与 -Al 组有何差异？

数字课程学习

- 实验要点与注意事项
- 推荐阅读

实验 4 根系分泌质子与磷酸酶的原位显色测定

实验 4-1 根系酸性磷酸酶活力测定

一、实验目的

磷是植物必需的矿质营养元素，在植物生长发育过程中发挥着重要作用，但通常情况下土壤中有效磷含量低，且施入土壤的磷肥易被吸附固定为难溶性磷，无法被植物直接吸收利用。植物根系通过分泌磷酸酶、有机酸和质子等方式提高土壤磷素的有效性，这是植物适应低磷胁迫的重要策略。本实验旨在学习并掌握植物在磷素匮乏条件下酸性磷酸酶活力的定性和定量分析方法。

二、实验原理

植物在外界磷素缺乏时，体内会启动缺磷响应信号，分泌磷酸酶、有机酸和质子等来提高土壤磷素的有效性，帮助植物应对外界磷素环境。酸性磷酸酶（APase）会和底物对硝基苯基磷酸（pNPP）反应，产生黄色产物对硝基苯酚（pNP），通过测定对硝基苯酚的生成量可以衡量酸性磷酸酶的活力。也可以通过底物 5- 溴 -4- 氯 -3- 吲哚基磷酸盐钠盐（BCIP）的显色反应直接对根系进行染色，根据显示出的蓝色沉淀，定性分析根系磷酸酶的分泌情况。

三、实验材料、试剂与器具

1. 材料

水稻种子。

2. 试剂

（1）APase 活性分析检测缓冲液（pH 4.9，现用现配）

0.3 mg/mL β- 萘酸磷酸盐、0.5 mg/mL 固黑钾盐（Fast Black K Salt）、10 mmol/L $MgCl_2$、50 mmol/L CH_3COONa。

（2）反应缓冲液（pH 4.9，4℃储存）

10 mmol/L $MgCl_2$、50 mmol/L CH_3COONa。

（3）pNPP 溶液（4- 硝基苯磷酸二钠溶液，1.0 mg/mL）

将 10 mg 的 pNPP 溶解在 10 mL 反应缓冲液中，–20℃储存。

（4）BCIP 母液（5– 溴 –4– 氯 –3– 吲哚基磷酸盐钠盐母液，100×）

BCIP 母液为 10 g/L，工作液为 0.1 g/L。

配制 BCIP 母液：将 0.1g BCIP 粉末溶于 8 mL ddH_2O 中，然后加入约 14 滴 1 mol/L NaOH 溶液直至 BCIP 粉末完全溶解。加入 ddH_2O 至总体积为 10 mL，然后过滤溶液以除去未溶解的 BCIP 颗粒，–20℃储存。

（5）其他试剂

正常和缺磷的 1/2 MS（Muras hige & Skoog）培养基（P + MS 培养基、P – MS 培养基）、75% 乙醇、3% 次氯酸钠、0.4 mol/L NaOH 溶液、琼脂。

3. 仪器

分光光度计、相机、微波炉、光照培养箱、超净工作台，水浴锅。

4. 用具

锥形瓶、刀片、镊子。

四、实验步骤

（一）根系分泌 APase 活力的测定

1. 将水稻种子去壳后，用 75% 乙醇消毒 5 min，再用 3% 次氯酸钠浸泡 15 ~ 30 min，期间不间断颠倒混匀。

2. 用无菌的 dd H_2O 洗涤种子 5 ~ 8 次，然后在超净工作台中晾干。

3. 在超净工作台中，用镊子将消毒过的水稻种子播种在 1/2 的 MS（P + 或 P –）培养基上。

4. 将培养皿垂直放置在光照培养箱中，设置生长条件为 16 h 光照（25℃）、8 h 黑暗条件（30℃）。

5. 生长 7 ~ 14 d 后，取出幼苗，用刀片切割根并测量根长度，并用镊子将根浸入含有 650 μL 反应缓冲液（37℃预热）的离心管中。

6. 快速加入 50 μL pNPP 溶液，在 37℃孵育 1 ~ 4 h，记录孵育时长。

7. 加入 100 μL 0.4 mol/L NaOH 溶液，混匀并停止反应。

8. 用镊子去除根部，分光光度计测量剩余溶液在 410 nm 处的吸光度。

9. 计算 APase 活力。

（二）使用组织化学染色分析 APase 活性

1. 在 P + MS 培养基或 P – MS 培养基上垂直栽培水稻幼苗 7 ~ 14 d，如步骤（一）1 ~ 4 所述。

2. 向 250 mL 锥形瓶中加入 100 mL ddH_2O 和 0.5 g 琼脂，轻轻摇动锥形瓶，然后在微波炉中加热直到琼脂完全溶解。

3. 加入 BCIP 母液（100×），短暂摇匀。

4. 将 BCIP 琼脂溶液置于室温几分钟或使用流动的水将溶液冷却至约 40℃。

5. 将 BCIP 琼脂溶液保存在 40℃水浴中，用镊子将水稻幼苗转移到含有 BCIP 的琼脂中，均匀地覆盖 5 ~ 10 mL BCIP 琼脂溶液，在室温下孵育约 24 h。

6. 用相机拍照记录根系颜色变化。

五、结果计算

$$酸性磷酸酶活力 = \frac{A_{410}}{\mathrm{RL} \times \mathrm{T}}$$

式中，A_{410} 代表根据吸光度对应的 PNP 含量，RL 为根长（cm），T 为孵育时间（h）。

六、实验报告与思考题

1. 实验报告

观察根系颜色变化。在 P – MS 培养基上生长植物的根系将被染成蓝色，而在 P + MS 培养基上生长的根将保持未染色。APase 组织化学染色受 BCIP 浓度的影响很大，高浓度的 BCIP（0.8 ~ 1.6 g/L）可引起过度染色，这可能掩盖 APase 活性水平的差异。

2. 思考题

（1）为什么水稻分泌的是酸性磷酸酶而不是其他（如中性或者碱性磷酸酶）?

（2）除了磷素的缺乏，植物还会在哪些情况下分泌有机酸？请举例说明。

实验 4-2 根际酸化显色

一、实验目的

根际酸化有助于促进土壤中营养物质的溶解和质子驱动力的形成，是植物吸收矿质营养的重要手段。植物根系分泌的低分子量有机酸可活化土壤中难溶性磷，促进磷形态转化，提高土壤中有效磷含量。本实验学习并掌握根际酸化显色的实验方法，深刻理解酸性磷酸酶在作物磷营养中的生理功能。

二、实验原理

溴甲酚紫（Bromocresol purple），分子式为 $C_{21}H_{16}Br_2O_5S$，中文别名为二溴邻甲酚磺呋酞，可作为酸碱指示剂、吸附指示剂等。溴甲酚紫肉眼可识别的 pH 变色范围在 5.2（黄色）~ 6.8（紫色）。实验利用溴甲酚紫作为酸碱指示剂来观察植物根系 pH 的变化。缺磷时，植物通过分泌有机酸等来酸化根际环境，降低根际 pH。将缺磷培养的植物转移到含有溴甲酚紫指示剂的培养基上，植物根际分泌的有机酸使培养基的 pH 降低，从而显示出肉眼可见的亮黄色。

三、实验材料、试剂与器具

1. 材料

水稻幼苗。

2. 试剂

（1）pH 指示剂培养基（pH = 5.5）

7.5 g/L 琼脂、0.06 g/L 溴甲酚紫、2.5 mmol/L K_2SO_4、1 mmol/L $CaSO_4$，高压蒸汽灭菌后倒平板。

（2）正常和缺磷的 1/2 MS 培养基（P + MS 培养基、P– MS 培养基）

（3）其他试剂

75% 乙醇、3% 次氯酸钠。

3. 仪器

光照培养箱、相机、超净工作台。

4. 用具

培养皿、镊子。

四、实验步骤

将水稻种子去壳后，用 75% 乙醇消毒 5 min，再用 3% 次氯酸钠浸泡 15 ~ 30 min，期间不间断颠倒混匀。接着用无菌的 dd H_2O 洗涤种子 5 ~ 8 次，然后在超净工作台中晾干。用镊子在超净工作台中将消毒过的水稻种子播种在 1/2 的 MS（P+ 或 P–）培养基上。将培养皿垂直放置在光照培养箱中，设置生长条件为 16 h 光照（25℃）、8 h 黑暗（30℃）。

生长 7 ~ 14 d 后，用镊子小心将水稻取出，不要损伤根，转移到 pH 指示剂培养基上。在光照培养箱中培养 5 h，拍照记录根系颜色的变化。

五、结果计算

观察根系颜色变化，并拍照记录。

六、实验报告与思考题

1. 实验报告

观察实验结果，对照图 3–17，分析培养时间长短是否对显色效果产生影响。

2. 思考题

讨论影响根际酸化显色的因素有哪些。

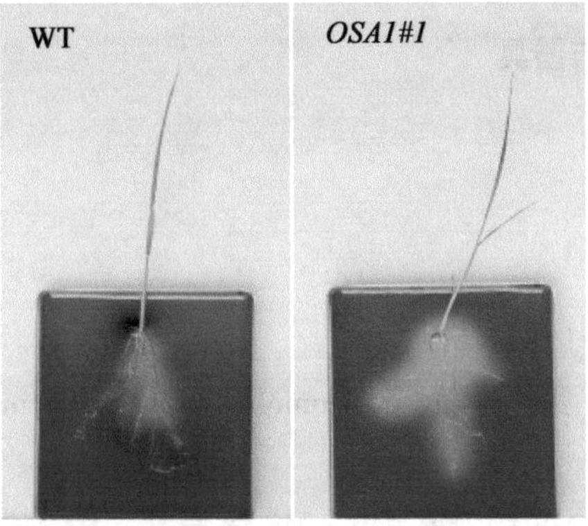

图 3–17 水稻质子泵超表达株系（右）与野生型（左）根际酸化显色情况的比较（引自：Zhang *et al*，2021）

数字课程学习

- 实验要点与注意事项
- 推荐阅读

实验 5 根瘤与豆科植物共生的观察与测定

一、实验目的

植物生长需要多种元素，其中氮尤为重要，它是限制植物生长和形成产量的首要因素，对提高农产品的品质也有显著作用。大多数植物所需的氮素主要来源于土壤中的氮和人为施用的氮肥。少数植物还能够与特定微生物共生，吸收和固定空气中的氮，这一过程称为共生固氮。据统计，通过共生固定的氮每年可向农业系统提供大约 5 000 万吨氮素。大部分的豆科植物都能够与土壤中的根瘤菌形成特殊的共生固氮器官——根瘤，获得共生固氮的能力。

根瘤菌在根瘤共生细胞中形成类菌体，并通过体内合成的固氮酶将空气中的氮气转化为可供宿主植物直接利用的氨态氮。根瘤发育和固氮酶活性受到植物体内和环境土壤中养分水平的调节，如铁、钼和硫是组成固氮酶的关键成分，对根瘤发育和生物固氮至关重要。土壤中的氮素影响根瘤的形成，豆科植物也会根据土壤中的氮素水平开启或关闭结瘤固氮发育程序。

本实验学习掌握根瘤菌的培养与观察，了解不同供氮条件下接种根瘤菌对豆科植物根瘤生长发育和共生固氮的影响。

二、实验原理

根瘤菌通过两条途径侵入宿主根细胞：根毛侵入途径和侧根入侵途径。豆科植物形成的根瘤大小肉眼可见，观察根瘤切片或新鲜的根瘤，可以直观地看见根瘤中心的固氮活性。根瘤中的红色素（豆血红蛋白）与固氮活性密切相关，固氮区颜色为粉红色表示固氮活性强，固氮区颜色为青色表示固氮活性弱。

三、实验材料、试剂与器具

（一）材料

大豆幼苗。

（二）试剂

1. AA3 型连续流动分析仪测定全氮所用试剂

（1）缓冲液 磷酸氢二钠 35.8 g、NaOH 32 g、酒石酸钾钠 50 g，用去离子水溶解定容至 1 000 mL，加 Brij-35 300 g/L 溶液 2 mL。此溶液最好一周内使用，每周更新。

（2）水杨酸钠（约使用 14 h） 水杨酸钠 40 g、硝普钠 1 g，去离子水溶解定容至 1 000 mL，每周更新。

（3）次氯酸钠（约使用 14 h） 加入 3 mL 次氯酸钠溶液（活性氯含量为 5.25%）到 60 mL 去离子水中，稀释至 100 mL，混匀，每天更新。

（4）4% 硫酸（约使用 15 h） 小心加入 80 mL 硫酸至 1 500 mL 去离子水中，冷却后稀释至 2 L。此溶液可长期存放。

（5）氮标准溶液氨标准储备液 1 000 mg/L N 用分析天平准确称硫酸铵 4.717 0 g，溶解在 600 mL 去离子水中，定容至 1 000 mL，冰箱内可存放 3 ~ 6 个月。标准曲线浓度为 0、5 mg/L、10 mg/L、15 mg/L、20 mg/L、25 mg/L、30 mg/L。

2. 其他试剂

浓硫酸、300 g/L 过氧化氢、混合催化剂（称取 100 g 硫酸钾、10 g 硫酸铜、1 g 硒粉于研钵中研细，充分混合均匀装在塑料瓶内备用）、改良的霍格兰营养液、根瘤菌 USDA110 菌液。

（三）仪器

AA3 型连续流动分析仪、分析天平。

（四）用具

石英砂、周转箱。

四、实验步骤

（一）育苗与实验处理

1. 将消毒处理后的大豆种子于无菌的石英砂中发芽，待长出第一对真叶（4 ~ 6 d）

时移栽至含营养液的周转箱内，接种根瘤菌 USDA110 菌液（每株苗接种 50 mL 菌液，菌液用无菌水稀释至 OD_{600} 约为 0.1）。对照接种经高压灭活的根瘤菌菌液。

2. 接种后 3 d 开始供应营养液培养，营养液为改良的霍格兰营养液，设两个氮浓度水平，分别为低氮（0.05 mmol/L）处理和高氮（10 mmol/L）处理。实验共有 4 个处理：低氮接种根瘤菌、高氮接种根瘤菌、低氮接种灭活根瘤菌和高氮接种灭活根瘤菌。每隔 3 d，每株苗浇灌 100 mL 营养液。

3. 接种后 21 d 开始采样，观察不同处理下大豆根瘤的数目、大小和根瘤固氮区颜色，测定根瘤鲜重、植株氮浓度和总氮含量。

（二）样品全氮含量的测定

植株全氮含量测定方法参照第八章“实验 1　植物全氮的测定——奈氏比色法和连续流动分析仪法”。

五、结果计算

1. 样品全氮含量计算

全氮含量（mg/ 株）= 氮的质量浓度（mg/g）× 生物量（干重 g/ 株）

2. 根瘤观察与统计

（1）根瘤数目　统计每株大豆根系根瘤的总数。

（2）根瘤大小　按照直径分别统计每株大豆根系上的根瘤大小，0 ~ 2 mm、2 ~ 3 mm 和 >3 mm 的根瘤数。

（3）根瘤鲜重　每株大豆根系根瘤的总鲜重。

（4）根瘤固氮区颜色观察。

六、实验报告与思考题

1. 实验报告

记录实验结果并拍照，同时与其他根瘤的图片做比较。图 3–18 显示了大豆与蚕豆的根瘤，图 3–19 显示了大豆根瘤切片及固氮活性，固氮区颜色为粉红色表示固氮活性强，固氮区颜色为青色表示固氮活性弱。

2. 思考题

（1）什么是豆科植物的氮阻遏现象？

（2）本实验测定结果对指导豆科作物的农业生产有何意义？

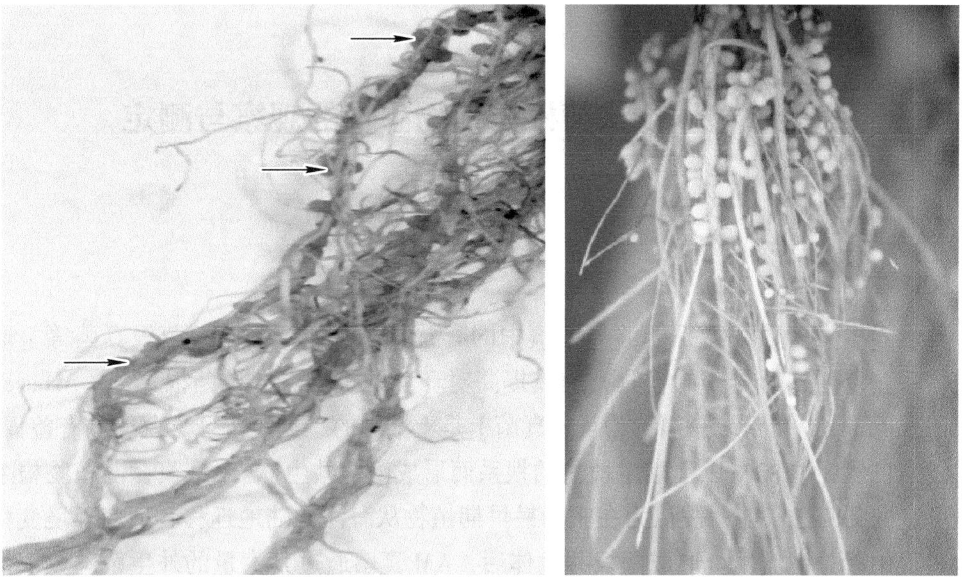

A　　　　B

图 3-18　根瘤形态

A. 接种 USDA110 菌液 28 d 后的大豆根系根瘤（箭头示根瘤，陈爱群教授供图）；
B. 蚕豆根系与根瘤（德国哈勒大学 E. Peiter 教授供图）

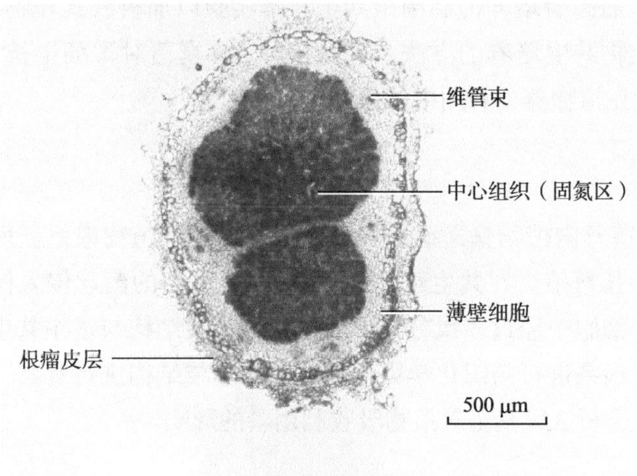

图 3-19　大豆根瘤切片及固氮活性观察
（陈爱群教授供图）

数字课程学习

- 实验要点与注意事项
- 推荐阅读

实验 6　丛枝状菌根与植物生长的观察与测定

一、实验目的

自然界中大多数植物都能够与土壤中的有益真菌（如根瘤菌、菌根真菌等）形成共生体系，以增加对养分的吸收利用或提高对环境的抗性。丛枝菌根真菌（Arbuscular Mycorrhizal fungi，以下统一简称为 AM 真菌）是土壤中的一类属于球囊菌门的有益真菌，可以侵染自然界中 80% 以上陆生植物的根系而形成菌根共生体。AM 真菌与植物根系的共生可追溯到四亿年前，被认为在驱动最早期植物从海洋向陆地迁移和适应环境变化的进化过程中起关键作用。形成菌根共生体后，AM 真菌通过其大量的外生菌丝数十倍地扩展根系在土壤中的吸收空间，并能够从远离根表数十厘米的土体中吸收养分并传递给根系。

AM 真菌对根系的侵染效率受到土壤中的养分（特别是磷）有效性和植株体内磷素的控制，不同的磷供给水平显著影响真菌对根系的侵染效率。低磷胁迫促进 AM 真菌对植物根系的侵染，而高磷培养抑制菌根共生。本实验以茄科模式作物番茄为实验材料，学习 AM 真菌与植物共生培养的方法，探讨接种 AM 真菌对番茄生长和磷吸收的影响，深刻理解 AM 真菌在植物养分利用中的作用。

二、实验原理

AM 真菌通过菌丝向植物输送矿质养分的同时，也从植物根系获取碳源（如脂肪酸和糖类）供自身生长繁殖。在共生建立过程中，AM 真菌的菌丝侵入根皮层细胞内或细胞间，菌丝在皮层细胞中经过多次分枝形成树状的丛枝结构与宿主共生。在不同水平的磷处理下，通过对根系进行组织化学染色的方法对丛枝结构进行观察，通过测定植物组织内磷的含量定量分析 AM 真菌对植物吸收利用磷的影响。

三、实验材料、试剂与器具

1. 材料

番茄种子、AM 真菌孢子。

2. 试剂

浓硫酸、300 g/L 过氧化氢、钼酸铵、抗坏血酸、100 g/L KOH 溶液、2% HCl 溶液、0.5 g/L 台盼蓝染液、改良的霍格兰营养液。

3. 仪器

分析天平、紫外－可见分光光度计、显微镜、水浴锅。

4. 用具

石英砂、黄沙、花盆。

四、实验步骤

（一）育苗与实验处理

1. 把消毒处理后的番茄种子于无菌的石英砂中发芽，待长出第一对真叶后，供应1/2霍格兰营养液，培养10 d。准备黄沙，洗净、灭菌处理后装入3 L左右的花盆中。

2. 将番茄幼苗移栽到装满黄沙的花盆中，并在根系周围接种约200个AM真菌孢子（移栽前在黄沙中挖一个小坑，接种AM真菌孢子后将番茄幼苗移栽到小坑中），一周后开始进行营养液培养，每周浇一次改良的霍格兰营养液200 mL。实验设高磷（1 mmol/L）处理和低磷（0.025 mmol/L）处理两个磷浓度，以及接种或不接种AM真菌孢子，共4个处理，分别为：高磷接种AM真菌，高磷接种灭活的菌剂（对照），低磷接种AM真菌和低磷接种灭活的菌剂。

3. 接种35 d后采样，观察根系的侵染情况和丛枝丰度，测定不同处理下番茄的株高、生物量（地上部和根系）、植株的全磷含量。

（二）植物样品全磷含量的测定

全磷测定方法参照第八章“实验2　植物全磷的测定——钒钼黄比色法和连续流动分析仪法”。

（三）丛枝结构的观察

将根系剪成约1 cm的小段，置于100 g/L KOH溶液中，90℃水浴中加热透明处理1 h，蒸馏水漂洗后于2% HCl溶液中浸泡中和5 min，冲洗后置于0.5 g/L台盼蓝染液中沸水浴染色30 min，再用蒸馏水洗净，将根段取出，置于显微镜下观察根系中菌丝、泡囊和丛枝结构。

五、结果计算

1. 生物量计算。分别测定番茄地上部和根的鲜重，烘干后得干重。

2. 植株全磷含量计算。参照第八章“实验2　植物全磷的测定——钒钼黄比色法和连续流动分析仪法”。

全磷含量（mg/株）= 磷的质量浓度（mg/g）× 生物量（干重g/株）

六、实验报告与思考题

1. 实验报告

按照实际所做内容撰写。图3–20显示了侵染番茄根系台盼蓝染色的丛枝菌根真菌；

图 3-21 显示了番茄根系细胞的放大图，可以看到丛枝和泡囊的形态以及菌丝对根系细胞的侵染。

2. 思考题

为什么在高磷培养条件下接种 AM 真菌对番茄生长和磷吸收没有促进作用，甚至会出现负效应？

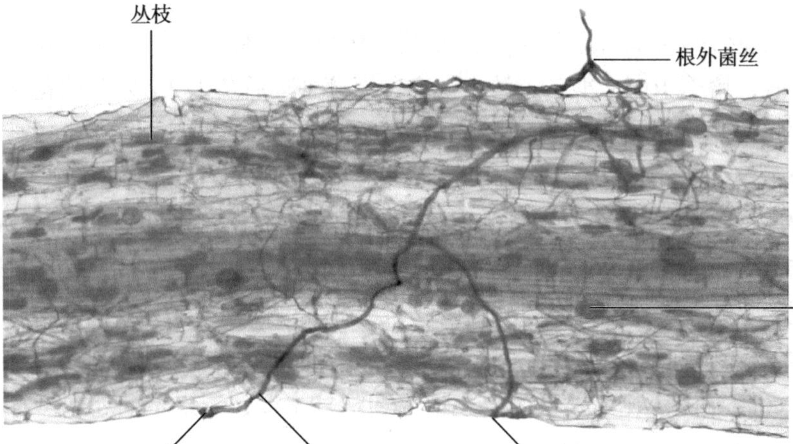

图 3-20　番茄根系被丛枝菌根真菌（*Rhizophagus irregularis*）侵染 35 d 后的台盼蓝染色图（陈爱群教授供图）

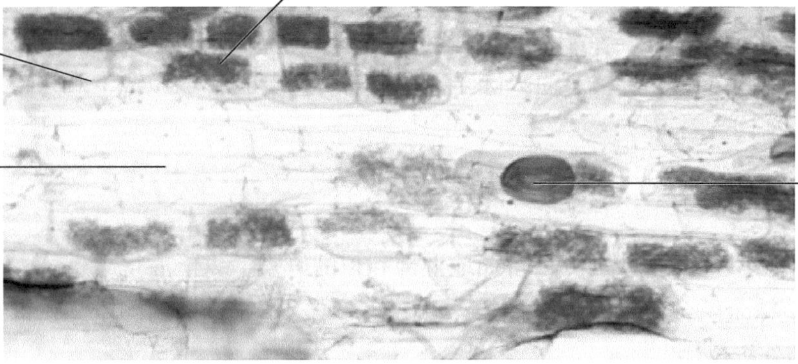

图 3-21　番茄根系细胞（陈爱群教授供图）

数字课程学习

- 实验要点与注意事项
- 推荐阅读

第六章　根系养分吸收动力学实验

实验 1　根系硝酸根离子的吸收动力学实验

一、实验目的

掌握用浓度梯度法研究植物养分动力学的实验方法，学会利用米氏方程制作吸收动力学曲线，并计算动力学参数最大吸收速率（V_{max}）和表观米氏常数（K_m）。通过实验理解 V_{max}、K_m 的含义，知晓吸收动力学曲线在研究植物养分吸收效率方面的应用。

二、实验原理

养分吸收动力学实验方法常用的有同位素标记法、浓度梯度法、离子耗竭法，其中同位素标记法是当前的主流方法。同位素标记法也称为改进的浓度梯度法，就是把根系置于系列浓度的 ^{15}N 或 ^{32}P 吸收液中，一段时间后测定溶液中和植物体内 ^{15}N 或 ^{32}P 的含量。由于不需要价格昂贵的仪器，实验成本也不高，浓度梯度法和离子耗竭法仍在一些实验室使用。本实验采用浓度梯度法，将植物根系置于一系列含特定浓度待测离子的溶液中吸收一定时间，根据溶液中的离子浓度变化计算出吸收速率，对吸收速率－浓度曲线应用米氏方程进行线性模拟，从而获得吸收动力学参数。

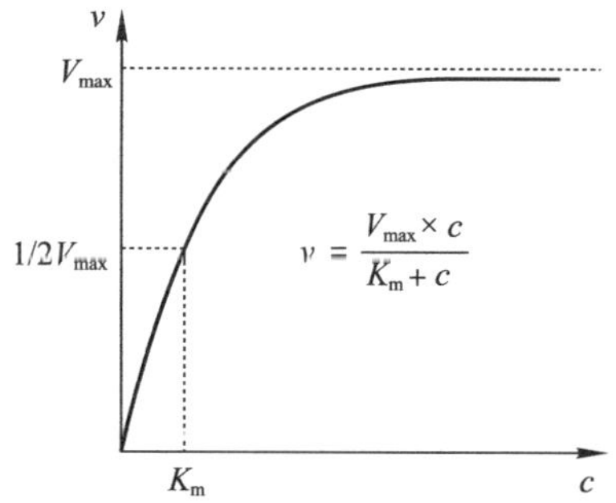

图 3-22　养分吸收动力学曲线示意图（浓度梯度法）

一般认为，根系对养分离子的吸收速率随介质中该养分离子浓度的增加而增加，之后逐渐趋于饱和（图 3-22）。因而，离子吸收速率与介质中该离子浓度的关系可采用 Michaelis–Menten 动力学方程（米氏方程）进行描述：

$$v = V_{max}\frac{c}{K_m + c}$$

式中，c 为介质中养分离子的浓度（mmol/L），v 为对应于 c 的吸收速率［μmol/（g · h）］，

V_{max} 为最大吸收速率［μmol/（g·h）］，K_m 为米氏常数（mmol/L）。V_{max} 和 K_m 一般用作养分吸收特征参数。V_{max} 表示植物吸收养分的潜在能力，V_{max} 值越大，吸收潜力越大；K_m 表示吸收位点对养分离子的亲和力，K_m 值越小，亲和力越大，K_m 在数值上等于 v 为 $1/2V_{max}$ 时介质中该离子的浓度。

三、实验材料、试剂与器具

1. 材料

两叶一心小麦幼苗。

2. 试剂

（1）小麦培养液

采用霍格兰营养液，配制方法参见第二章“第四节　溶液培养”。

（2）NO_3^- 吸收液

先配制 50 mmol/L $Ca(NO_3)_2$ 标准溶液，然后采用梯度稀释法，配制一系列含不同浓度 NO_3^- 的吸收液（一般不少于 7 个浓度）。NO_3^- 浓度可设置为 0、0.05 mmol/L、0.10 mmol/L、0.20 mmol/L、0.30 mmol/L、0.40 mmol/L、0.60 mmol/L、0.80 mmol/L、1.00 mmol/L、1.50 mmol/L、2.00 mmol/L。

（3）NO_3^- 标准溶液

先配制 50 mmol/L $Ca(NO_3)_2$ 标准溶液，由 $Ca(NO_3)_2$ 标准溶液逐渐稀释成 0、0.1 mmol/L、0.2 mmol/L、0.40 mmol/L、0.60 mmol/L、0.80 mmol/L、1.00 mmol/L、1.5 mmol/L 的 NO_3^- 系列标准溶液。

（4）其他试剂

无氮营养液、HCl、NaOH、30% H_2O_2。

3. 仪器

紫外－可见分光光度计、分析天平、光照培养箱。

4. 用具

烧杯、容量瓶、试管等。

四、实验步骤

（一）小麦幼苗的氮饥饿处理

挑选生长均一的健壮小麦幼苗，用去离子水淋洗根部和茎基部后，将根系浸于无氮营养液中进行氮饥饿处理 2 d。无氮营养液采用相同浓度的 $CaCl_2$ 代替正常营养液中的 $Ca(NO_3)_2$，其他与正常营养液一致。饥饿处理期间，每天更换一次无氮营养液，培养条件同吸收实验一致。

（二）NO_3^- 吸收实验

以 3 株幼苗为一组，将其根系用吸水纸吸干表面水分后，全部浸入装有 20 mL NO_3^-

吸收液的试管内中，在光照度 5 000 lx、温度 18℃、相对湿度 50% 的条件下吸收 2 h。每个浓度做 2 ~ 3 个平行实验。吸收结束后，立即取出烧杯中的幼苗，用去离子水淋洗根部后置于吸水纸上，吸去根部表面水分后用于生物量测定。淋洗液经过滤后收集在 50 mL 容量瓶中，然后将试管中的溶液完全转移并过滤到该容量瓶中，用去离子水定容后混匀，用于测定 NO_3^- 浓度。

（三）NO_3^- 浓度和根系生物量测定

1. 吸收液 NO_3^- 测定

溶液的 NO_3^- 浓度可采用紫外 – 可见分光光度法、流动注射分析仪等方法进行测定。此处以紫外 – 可见分光光度法为例。

（1）绘制校准曲线　根据 NO_3^- 标准溶液的浓度和对应的校正吸光度（$A_{校} = A_{220} - 2A_{275}$），在紫外 – 可见分光光度计上测定 220 nm 和 275 nm 处的吸光度，绘制校准曲线。

（2）测定　在紫外 – 可见分光光度计上分别测定吸收前、吸收后溶液的校正吸光度 $A_{校}$，并根据校准曲线计算出各溶液 NO_3^- 的浓度，若 NO_3^- 浓度超出了校准曲线范围，需稀释后重新进行测定。

2. 根系生物量测定

吸干根部表面水分后，剪下根部称重，测定其鲜重。也可将根部烘干后测定其干重。

五、结果计算

1. 溶液 NO_3^- 浓度的计算

根据溶液的校正吸光度从校准曲线上查得 NO_3^-–N 浓度，并结合分取倍数分别计算吸收实验前后溶液的 NO_3^- 浓度。计算公式为：

$$c = (\rho - \rho_0) \times ts$$

式中，c 为溶液的 NO_3^- – N 浓度（mmol/L）；ρ 为根据校正吸光度从校准曲线查得的 NO_3^-–N 浓度（mmol/L）；ρ_0 为空白值（mmol/L）；ts 为分取倍数。

2. NO_3^- 吸收速率的计算

根据每个吸收液中 NO_3^- 的变化量、根系生物量、吸收时间，计算 NO_3^- 吸收速率，即单位根重在单位时间内吸收的 NO_3^- 量。计算公式为：

$$v = \frac{c \times 50 - c_0 \times 20}{2 \times m}$$

式中，v 为 NO_3^- 吸收速率［μmol/（g · h）］；c_0、c 分别为吸收前后的溶液 NO_3^- 浓度（mmol/L）；20 为吸收前溶液的体积（mL）；50 为吸收后溶液的定容体积（mL）；2 为吸收时间（h）；m 为根的干重（g）。v 也可用 μmol/（g 鲜重 · h）、μmol/（株 · h）等形式表示。

3. 吸收动力学曲线的绘制

平行实验取平均值，从而得到每个 NO_3^- 浓度对应的吸收速率。以 NO_3^- 浓度 c 为横坐标，对应的吸收速率 v 为纵坐标，应用 Excel 或其他软件，绘制吸收动力学曲线。

4. 吸收动力学参数的计算

用 Sigmaplot、Origin 等软件模拟米氏方程（可饱和曲线），可直接获得吸收动力学参数 V_{max}、K_m 和相关性系数 r。也可根据米氏方程的转化式进行直线模拟，以 $1/v$ 对 $1/c$ 作图（Lineweaver–Burk 法，又称为双倒数法），或者以 v 对 v/c 作图（Eadie–Hofstee 法），从而求得各特征参数值（图 3–23）。

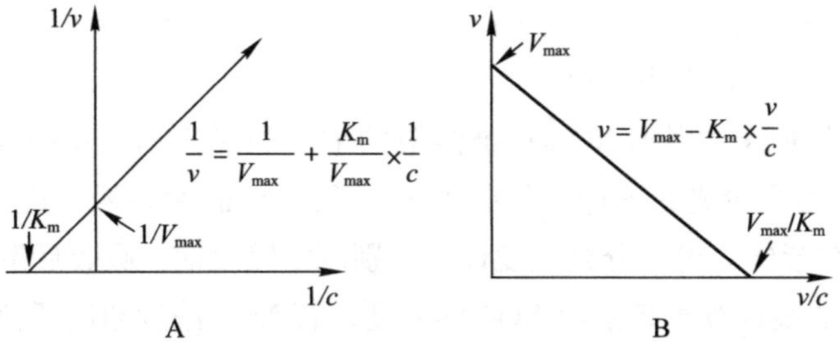

图 3–23　计算吸收动力学参数的 Lineweaver–Burk 法（A）和 Eadie–Hofstee 法（B）

六、实验报告与思考题

1. 实验报告

请根据实验实际内容撰写。

2. 思考题

（1）在实验过程中，植物的蒸腾作用和液面的蒸发作用会使得吸收液的体积减少，从而造成吸收液的 NO_3^- 浓度增加，使吸收速率的数值偏低。如何克服这一问题？

（2）某同学发现，当吸收液 NO_3^- 浓度较低时，小麦根系的 NO_3^- 吸收速率为负值，即吸收后的溶液 NO_3^- 浓度比吸收前高。为什么会出现这一现象？

（3）对同一组实验数据应用米氏方程及两个转化式分别进行线性模拟，获得的吸收动力学参数是否一致？

数字课程学习

- 实验要点与注意事项
- 推荐阅读

实验 2　根系铵根离子的吸收动力学实验

一、实验目的

水稻是典型的喜铵作物，学习并掌握水稻对铵的吸收利用特性对提高水稻氮素利用率十分重要。通过本实验，学习利用浓度梯度法进行水稻根系吸收 NH_4^+ 的动力学实验方法，掌握计算吸收动力学参数的方法并理解最大吸收速率 V_{max} 和米氏常数 K_m 的含义，以期为农业生产上提高水稻的氮素利用率提供理论依据。

二、实验原理

原理参见本章“实验 1　根系硝酸根离子的吸收动力学实验”。

三、实验材料、试剂与器具

1. 材料

4 叶 1 心水稻幼苗。

2. 试剂

（1）国际水稻所营养液

组成及配方见第二章“第二节　溶液培养”。

（2）NH_4^+ 吸收液

用分析天平精密称取 6.600 0 g $(NH_4)_2SO_4$ 溶于约 600 mL 去离子水中，定容至 1 L，即为 50 mmol/L $(NH_4)_2SO_4$ 标准溶液。依次逐步稀释成含 0.05 mmol/L、0.1 mmol/L、0.2 mmol/L、0.3 mmol/L、0.4 mmol/L、0.5 mmol/L、0.8 mmol/L、1.0 mmol/L、1.5 mmol/L、2.0 mmol/L NH_4^+ 的系列吸收液。

（3）NH_4^+ 标准溶液

由 50 mmol/L $(NH_4)_2SO_4$ 标准溶液分别稀释成含 0、0.2 mmol/L、0.4 mmol/L、0.6 mmol/L、0.8 mmol/L、1.0 mmol/L、1.5 mmol/L NH_4^+ 的系列标准溶液。用 AA3 型连续流动分析仪测定氮的含量，制作标准曲线。

（4）其他试剂

0.1 mol/L HCl 溶液、0.1 mol/L NaOH 溶液、30% H_2O_2。

3. 仪器

AA3 型连续流动分析仪、光照培养箱、分析天平。

4. 用具

玻璃试管、纱网等。

四、实验步骤

（一）水稻幼苗的培养

水稻种子经30% H_2O_2 消毒30 min，于光照培养箱中催芽，催芽后播种于盛有去离子水的纱网上生长7 d。将幼苗移栽至pH 6.0的1/2国际水稻所常规营养液中，在光照培养箱内培养，保持总氮浓度为40 mg/L、氮形态为 $(NH_4)_2SO_4$。实验过程中，每天用0.1 mol/L HCl和0.1 mol/L NaOH溶液调整pH到5.5，间隙通气2 h，每2 d更换一次营养液。当苗生长至四叶一心时可以用于实验。

（二）水稻 NH_4^+ 的吸收动力学实验

1. 水稻幼苗的氮饥饿处理

在进行吸收实验前将水稻苗氮饥饿处理2 d：营养液更换为无氮的国际水稻所常规营养液（氮饥饿营养液配方除不加氮外，其他元素浓度同国际水稻所营养液一致），每天更换一次营养液，氮饥饿2 d以后开始测定。

2. 水稻对 NH_4^+ 的吸收动力学实验

水稻对 NH_4^+ 的吸收动力学实验采用浓度梯度法。吸收液中 NH_4^+ 浓度系列为0.05 mmol/L、0.1 mmol/L、0.2 mmol/L、0.3 mmol/L、0.4 mmol/L、0.6 mmol/L、0.8 mmol/L、1.0 mmol/L、1.5 mmol/L、2.0 mmol/L，共10个浓度处理，重复3次。取生长均匀的健壮秧苗3株为一个测量单位，将其根系全部没入装有20 mL NH_4^+ 系列吸收液的玻璃试管中，在温度29℃ ±1℃、光照度为9 000 lx的条件下吸收处理2 h。吸收实验结束后将根系剪下称量并测定吸收前后营养液中 NH_4^+ 的含量，根据吸收前后 NH_4^+ 浓度变化的，计算单位根质量在单位时间内的 NH_4^+ 净吸收量，即根系对 NH_4^+ 的净吸收速率[μmol/(g · h)]。

五、结果计算

1. 净吸收速率的计算

$$v = \frac{c_1 \times V - c_2 \times \left(V - \frac{m_1 - m_2}{\rho}\right)}{m_3 \times T} \ \mu\text{mol/（g · h）根系鲜重}$$

式中，v 为净吸收速率；c_1、c_2 为吸收前后的溶液 NH_4^+ 浓度；V 为吸收液体积（mL）；m_1、m_2 分别为吸收前、后的植株，吸收液和器皿的总质量（g）；ρ 为溶液密度（g/cm^3，本实验按1 g/cm^3 计）；m_3 为根系鲜质量；T 为吸收时间（h）。

2. 吸收动力学曲线的绘制

平行实验取平均值，从而得到每个 NH_4^+ 浓度对应的吸收速率。由每一个吸收溶液

中 NH_4^+ 浓度计算出一个吸收速率，然后以 NH_4^+ 浓度为横坐标，吸收速率为纵坐标，绘制出吸收速率随 NH_4^+ 离子浓度变化的曲线图。

3. 吸收动力学参数的计算

采用 Hofstee 转换式法，由公式：$v = V_{max} - K_m \times \frac{v}{c}$

以 v 对 v/c 作图，进行直线模拟，以 v/c 为横坐标，v 为纵坐标作直线图，计算出两个常数项 V_{max} 和 K_m，其截距为 V_{max}，斜率为 K_m。其他浓度溶液依次按倍数计算。

六、实验报告与思考题

1. 实验报告

按照实际所做内容撰写。

2. 思考题

（1）根系吸收铵根离子以后溶液的 pH 有何变化？

（2）pH 变化对根系吸收铵根离子有何影响？

数字课程学习

- 实验要点与注意事项
- 推荐阅读

实验 3　根系磷的吸收动力学实验

一、实验目的

磷是植物生长必需的大量元素之一，它是核酸、核蛋白和磷脂、三磷酸腺苷等生物大分子的结构成分，参与糖类、脂质和氮素代谢，提高作物的抗逆性和适应能力，具有十分重要的生理功能。

本实验以玉米为材料，学习利用浓度梯度法测定玉米吸收磷的动力学，掌握吸收动力学参数的计算方法，深刻理解动力学参数——最大吸收速率（V_{max}）和表观米氏常数（K_m）的含义。以了解玉米吸收利用磷的生理特性，为农业生产上提高作物磷营养利用效率提供科学依据。

二、实验原理

参考本章“实验 1　根系硝酸根离子的吸收动力学实验”。

三、实验材料、试剂与器具

1. 材料

玉米幼苗。

2. 试剂

（1）营养液

参照霍格兰营养液配方（表 2–7）。

（2）磷系列吸收液

先配制 1 mmol/L 的 KH_2PO_4 标准溶液，再逐步稀释成 0.25 μmol/L、0.5 μmol/L、1 μmol/L、1.5 μmol/L、2.5 μmol/L、5 μmol/L、7.5 μmol/L、10 μmol/L、12.5 μmol/L、15 μmol/L、30 μmol/L 的磷系列吸收液。

（3）其他试剂

0.1 mol/L HCl、0.1 mol/L NaOH、30% H_2O_2、KH_2PO_4。

3. 仪器

紫外 – 可见分光光度计、光照培养箱、分析天平。

4. 用具

塑料桶、剪刀。

四、实验步骤

（一）玉米幼苗的培养

把消毒处理后的玉米种子播种在湿润的滤纸上，放在光照培养箱内进行发芽（温度 28℃），当根长至约 2 cm 时将幼苗转移到营养液中培养，待 18 d 后苗即可用作实验。

（二）玉米幼苗的磷饥饿处理

以 3 株苗为一组，固定在盛有营养液的 3.5 L 塑料桶内进行吸收动力学实验。实验前先把苗培养在不含磷的营养液中，光照培养持续饥饿处理 48 h。饥饿处理结束后取出苗，用去离子水洗冲根部、吸水纸吸干表面水分，然后分别转入磷浓度为 0.25 μmol/L、0.5 μmol/L、1 μmol/L、1.5 μmol/L、2.5 μmol/L、5 μmol/L、7.5 μmol/L、10 μmol/L、12.5 μmol/L、15 μmol/L、30 μmol/L 的系列吸收液中，在持续光照下吸收 2 h，以称重法加入去离子水补足缺失的体积。吸收实验结束后将根系剪下，称其质量并测定吸收前后营养液中磷的含量，根据吸收前后磷浓度的变化，计算单位根质量在单位时间内磷的净吸收量。

（三）测定

1. 溶液 $H_2PO_4^{2-}$ 的测定

溶液的 $H_2PO_4^{2-}$ 含量测定可采用分光光度计法，具体方法参见第八章“实验 2　植物全磷的测定——钒钼黄比色法和连续流动分析仪法”。在紫外 – 可见分光光度计上测定吸收前后溶液的吸光度，波长 450 nm。根据标准曲线计算出各溶液的 $H_2PO_4^{2-}$ 浓度。若吸收液的 $H_2PO_4^{2-}$ 浓度超出了校准曲线范围，需稀释后重新进行测定。

2. 生物量测定

吸干根部表面水分后，用剪刀剪下根并称得质量，测定鲜质量，也可将根部烘干后测定干质量。

五、结果计算

最大吸收速率（V_{max}）和表观米氏常数（K_m）的计算方法参考本章“实验 1　根系硝酸根离子的吸收动力学实验”。

六、实验报告与思考题

1. 实验报告

按照实际所做内容撰写。

2. 思考题

（1）如何控制不定期取样对吸收液体积相对恒定的影响而减少实验误差？

（2）查阅文献，了解影响根系吸收磷的因素有哪些？

数字课程学习

● 实验要点与注意事项　　● 推荐阅读

实验 4　根系钾的吸收动力学实验

一、实验目的

钾是植物生长所必需的营养元素，也是肥料三要素之一，它对提高作物产量和品质都有重要作用。钾的营养功能主要有：促进光合作用，提高二氧化碳的同化效率；加速光合作用产物（糖类）的运输；促进蛋白质合成；调节细胞渗透作用，控制气孔的运动；提高植物抗逆性等。因此，钾有着非常重要的生理功能。

本次实验学习利用离子耗竭法测定钾吸收动力学参数的原理与方法，目的是深刻理解作物吸收钾的生理机制，为提高肥料利用率效率、改善作物品质提供依据。

二、实验原理

测定根系钾吸收动力学的方法有离体根 – 放射性同位素标记法和活体根 – 非放射性

标记法。前者是把离体根放入用放射性同位素标记的铷溶液，一段时间以后测定根标记的同位素的量；后者是把完整植物的根浸入非放射性同位素标记的钾溶液，经过一段时间的吸收计算溶液中钾离子的减少量即耗竭量。绘制离子吸收速率对时间的吸收动力学曲线，然后通过积分求导数的方法获得表观米氏常数（K_m）和最大吸收速率（V_{max}）。

三、实验材料、试剂与器具

1. 材料

4 叶 1 心的水稻幼苗。

2. 试剂

（1）钾饥饿液

钾饥饿液为不含钾的国际水稻所营养液，配方参见第四章“第二节　溶液培养”。

（2）钾耗竭液

0.5 mol/L MES、250 μmol/L KNO_3、200 μmol/L $CaSO_4$，用 Tris 调节 pH 至 5.75。

（3）其他试剂

浓 H_2SO_4、30% H_2O_2。

3. 仪器

光照培养箱、火焰光度计、消化炉。

4. 用具

消煮管、小漏斗、三角瓶、试管、移液器等。

四、实验步骤

1. 水稻幼苗培养

水稻的育苗及培养参见本章“实验 2　根系铵根离子的吸收动力学实验”相关内容。

2. 钾饥饿处理

取生长一致的幼苗，以 3 株为一个单位，放入 500 mL 三角瓶内，试管内含 300 mL 钾饥饿液，对幼苗进行钾饥饿处理 48 h，分别在饥饿处理的第 2 h、6 h、12 h、30 h 更换饥饿液。

3. 钾离子吸收速率的测定

饥饿处理结束后小心取出幼苗并用吸水纸吸干根表面的水分，放入装有 300 mL 钾耗竭液的三角瓶中，置于持续光照下进行钾离子耗竭溶液吸收实验。实验前先把幼苗放入钾耗竭液中平衡，5 min 后开始取样，每隔 20 ~ 30 min 取样一次，每次用移液器吸取 1 000 μL 的钾耗竭液用于测定，同时用去离子水补充相同体积的钾耗竭液取样次数尽可能多（比如十次取样，直到吸收液中钾的浓度接近零）。

实验结束后取出幼苗并用吸水纸吸干根表面的水分，称根系的鲜重，烘干后称干重。耗竭液钾离子的含量测定参考本书第八章“实验 3　植物全钾的测定——H_2SO_4-

H_2O_2 消解 – 火焰光度计法”。计算钾离子吸收动力学参数，绘制吸收动力学曲线。

五、结果计算

钾离子吸收动力学参数计算方法参考本章“实验 1　根系硝酸根离子的吸收动力学实验”。

六、实验报告与思考题

1. 实验报告

按照实际所做内容撰写。

2. 思考题

（1）在根系钾吸收的不定期取样过程中，如何控制耗竭液体积的相对恒定而减少实验误差？钾耗竭液中加入 $CaSO_4$ 的作用是什么？

（2）查阅文献，了解影响根系钾吸收的因素有哪些？

数字课程学习

- 实验要点与注意事项
- 推荐阅读

第七章　根系中氮同化的测定

实验 1　硝酸还原酶活性的测定

一、实验目的

植物硝酸还原酶（NR；EC 1.6.6.1）催化如下反应：

$$NO_3^- + NAD(P)H + H^+ \xrightarrow{\text{硝酸还原酶}} NO_2^- + NAD(P)^+ + H_2O$$

NO_2 在亚硝酸还原酶的作用下转化为 NH_4^+，植物体内亚硝酸还原酶的活性远远高于硝酸还原酶。因此，硝酸还原酶是硝酸盐同化过程中的限速酶。硝酸还原酶分布在植物营养器官的细胞质中，其活性受代谢产物和环境信号等因素的复杂调控。

硝酸还原酶的活性直接影响植物氮的同化能力，对作物的品质和产量具有重要影响。硝酸还原酶活性的测定方法有离体法和活体法，本实验学习离体法测定硝酸还原酶活性的原理、方法和步骤，目的是深刻理解作物利用硝酸盐的机制，为提高作物氮素利用率提供理论依据。

二、实验原理

硝酸盐在硝酸还原酶的作用下被还原为亚硝酸盐，亚硝酸盐与对氨基苯磺酸（或对氨基苯磺酰胺）及 α- 萘胺（或萘基乙烯胺）在酸性条件下生成红色偶氮化合物，在 540 nm 处有最大吸收峰，可以通过比色测定，酶活性通过产生的亚硝酸盐的量表示。

三、实验材料、试剂与器具

1. 材料

水稻根系。

2. 试剂

（1）0.1 mol/L 磷酸缓冲液（pH 为 7.5）

（2）25 mmol/L 酶提取液（含 5 mmol/L 半胱氨酸，5 mmol/L EDTA-Na_2）

取 250 mL 0.1 mol/L 磷酸缓冲液，加入半胱氨酸 0.61 g、EDTA-Na_2 1.86 g、溶解后用

KOH 溶液调节 pH 7.5，定容到 1 000 mL。

（3）NADH 溶液

称取 2.00 mg NADH，溶于 1 mL 0.1 mol/L 磷酸缓冲液中，此试剂现用现配。

（4）0.1 mol/L 硝酸钾 – 磷酸缓冲液

精密称取 2.527 5 g KNO_3，溶于 250 mL 0.1 mol/L 磷酸缓冲液中。

（5）10 g/L 对氨基苯磺酸溶液

称取 1.00 g 对氨基苯磺酸，溶解于 100 mL 3 mol/L HCl。

（6）2 g/L α– 萘胺溶液

称取 2.00 g α– 萘胺，溶解在 250 mL 无水乙酸中，然后定容至 1 000 mL，保存在棕色瓶内。

（7）1 μg/mL $NaNO_2$ 标准溶液

用分析天平精密称取 0.985 7 g $NaNO_2$，溶解在去离子水中，定容至 1 000 mL，再吸取 5 mL 定容到 1 000 mL。

（8）其他试剂

石英砂。

3. 仪器

分析天平、紫外 – 可见分光光度计、高速冷冻离心机、恒温水浴锅。

4. 用具

研钵、试管、离心管、移液器等。

四、实验步骤

1. 标准曲线制作

取 7 支试管依次编号，按照表 3–1 配制 $NaNO_2$ 系列标准溶液，以亚硝态氮含量为横坐标，吸光值为纵坐标，建立回归方程。

表 3–1　亚硝酸钠系列标准溶液配制方法

管号	1	2	3	4	5	6	7
1 μg/mL $NaNO_2$ 标准溶液 /mL	0	0.2	0.4	0.8	1.2	1.6	2.0
去离子水	2.0	1.8	1.6	1.2	0.8	0.4	0.0
10 g/L 对氨基苯磺酸溶液	1	1	1	1	1	1	1
2 g/L α– 萘胺溶液	1	1	1	1	1	1	1
每管亚硝态氮含量 /μg	0	0.2	0.4	0.8	1.2	1.6	2.0

2. 水稻硝酸还原酶活性测定

水稻根系用去离子水洗净，吸干表面水分，称取 2.00 g 放在研钵中，加少量石英砂以及 4 mL 酶提取液冰浴下研磨，然后转入离心管在高速冷冻离心机上离心 5 ~ 8 min（4℃，

4 000 r/min)，上清液即为酶粗提液。

取一支干燥洁净的试管（反应管）：用移液器分别取 0.4 mL 酶粗提液、1.2 mL 0.1 mol/L 硝酸钾 – 磷酸缓冲液、0.4 mL NADH 溶液，混匀后于恒温水浴锅内 30℃条件下保温 30 min。另取一支干燥洁净的试管（对照管）：用移液器分别取 0.4 mL 酶粗提液，1.2 mL 0.1 mol/L 硝酸钾 – 磷酸缓冲液、0.4 mL 去离子水，混匀后于 30℃保温 30 min。保温结束后立即加入 1 mL 10 g/L 对氨基苯磺酸溶液终止反应，然后加 1 mL 2 g/L α– 萘胺溶液显色 20 min，离心 10 min 后在紫外 – 可见分光光度计上于 540 nm 处测定吸光值。

五、结果计算

$$\text{单位鲜重样品硝酸还原酶活性}\left[\mu g/(g\cdot h)\right]=\frac{\left[(N_1-N_2)/V_2\times V_1\right]}{(m\times t)}$$

式中，N_1 为反应液中的亚硝态氮含量（μg）；N_2 为对照液中的亚硝态氮含量（μg）；V_1 为酶液总体积（mL）；V_2 为反应的酶液体积（mL）；m 为样品鲜重（g）；t 为反应时间（h）。

六、实验报告与思考题

1. 实验报告

按照实际所做内容撰写。

2. 思考题

（1）不同的植物器官硝酸还原酶活性有何差异？

（2）硝酸还原酶为诱导酶，哪些因素会影响酶活性？

数字课程学习

● 实验要点与注意事项　　● 推荐阅读

实验 2　谷氨酰胺合成酶活性的测定

一、实验目的

植物吸收的无机氮需要转化为有机氮才能被植物吸收利用，在 ATP 供能、存在 NADH 和 NADPH 的情况下，谷氨酰胺合成酶（GS）催化铵转化成谷氨酰胺，谷氨酸合成酶（GOGAT）催化 α– 酮戊二酸接受酰胺生成两个分子的谷氨酸。有研究表明，植物体内 95% 以上的无机氮都是通过 GS–GOGAT 循环途径同化的。因此，GS–GOGAT 是影响作物生长和品质形成的重要因素。

本次实验学习 GS 活性测定的方法，深刻理解作物同化氮的途径和特点，为改善作物品质、提高作物氮素利用率提供理论依据。

二、实验原理

谷氨酰胺合成酶在 ATP 和 Mg^{2+} 存在的条件下，催化谷氨酸生成谷氨酰胺，后者可以转化为 γ- 谷氨酰基异羟肟酸，它在酸性条件下与 Fe^{2+} 形成红色络合物，在 540 nm 有最大吸收峰，可以通过比色测定。

三、实验材料、试剂与器具

（一）材料

水稻根系。

（二）试剂

1. 酶提取液

酶提取液为 0.05 mol/L 三羟甲基氨基甲烷 – 盐酸缓冲液（Tris–HCl，pH8.0），其中含 2 mmol/L Mg^{2+}、2 mmol/L 二硫苏糖醇（DTT）、0.42 mol/L 蔗糖。配制方法为：称取 1.529 5 g Tris、0.124 5 g $MgSO_4 \cdot 7H_2O$、0.154 3 g DTT、34.25 g 蔗糖，溶解后用 0.05 mol/L HCl 调节 pH 至 8.0，定容至 250 mL。

2. 反应混合液

反应液为 50 mmol/L 咪唑 – 盐酸缓冲液（pH 7.2），其中含 40 mmol/L Mg^{2+}、90 mmol/L L- 谷氨酸和 6 mmol/L 羟胺。配制方法为：称取 0.851 g 咪唑、1.20 g $MgSO_4 \cdot 7H_2O$、3.311 g L- 谷氨酸、0.050 g 羟胺，溶解后用 1 mol/L HCl 调节 pH 至 7.2，定容至 250 mL。

3. 显色剂

显色液含 0.2 mol/L 三氯乙酸，0.37 mol/L Fe^{3+}，0.6 mol/L HCl。称取 3.376 g 三氯乙酸、10.102 1 g $FeCl_3 \cdot 6H_2O$，溶解后加 5 mL 浓盐酸，定容至 100 mL。

4. 40 mmol/L ATP 溶液

用分析天平精密称取 0.121 0 g ATP，溶解在 5 mL 去离子水中，现用现配。

5. γ- 谷氨酰基异羟肟酸标准溶液

称取 1.620 1 g γ- 谷氨酰基异羟肟酸，去离子水溶解、定容至 100 mL，得到 100 mmol/L γ- 谷氨酰基异羟肟酸标准溶液。由标准溶液稀释成系列标准溶液，浓度分别为 0、0.5 mmol/L、1.0 mmol/L、1.5 mmol/L、2.0 mmol/L、3.0 mmol/L、4.0 mmol/L、5.0 mmol/L、6.0 mmol/L、7.0 mmol/L。

（三）仪器

高速冷冻离心机、紫外 – 可见分光光度计、分析天平、恒温水浴锅。

（四）用具

研钵、移液器、试管等。

四、实验步骤

1. 标准曲线制作

用移液器取 1 mL 反应混合液，37 ℃恒温水浴锅内预保温 5 min 后分别加入 0、0.5 mmol/L、1.0 mmol/L、1.5 mmol/L、2.0 mmol/L、3.0 mmol/L、4.0 mmol/L、5.0 mmol/L、6.0 mmol/L、7.0 mmol/L 的 γ- 谷氨酰基异羟肟酸标准溶液 1 mL，混合均匀后于 37℃恒温水浴锅内保温，15 min 后立即加入 1 mL 显色剂终止反应，3 000 *g*、4℃离心 5 min，取上清液在紫外 - 可见分光光度计上测定波长 540 nm 的吸光值。

2. 水稻谷氨酰胺合成酶活性的测定

取水稻根系若干，用去离子水冲洗后吸干表面水分，切成小段。称取 1.00 g 水稻根系，加 3 mL 酶提取液，冰浴上研磨，4℃、15 000 *g* 离心 20 min，上清液为酶粗提液。

取一支干燥洁净的试管（反应管）：取 1 mL 反应混合液、0.4 mL 去离子水、0.4 mL 酶粗提液，混匀，37℃预热 2 ~ 3 min 后加入 0.2 mL 40 mmol/L ATP 溶液混匀，37℃保温 15 min 后立即加入显色剂终止反应。3 000 *g*、4℃离心 5 min，取上清液于 540 nm 处测定吸光值。另取一支干燥试管（对照管）：依次加入 1 mL 反应混合液、0.4 mL 去离子水、0.2 mL 40 mmol/L ATP 溶液、1 mL 显色剂、0.4 mL 酶粗提液，混匀，37℃保温 15 min 后 3 000 *g*、4℃离心 5 min，取上清液于 540 nm 处测定吸光值。

五、结果计算

$$\text{单位鲜重样品谷氨酰胺合成酶 GS 活性}[\mu\text{mol}/(\text{g}\cdot\text{h})]=\frac{[(G_1-G_2)/V_2\times V_1]}{(m\times t)}$$

式中，G_1 为反应液中的 γ- 谷氨酰基异羟肟酸总量（μmol）；G_2 为对照液中的 γ- 谷氨酰基异羟肟酸总量（μmol）；V_1 为酶液总体积（mL）；V_2 为参与反应的酶体积（mL）；m 为样品鲜重（g）；t 为反应时间（h）。

六、实验报告与思考题

1. 实验报告

按照实际所做内容撰写。

2. 思考题

（1）测定谷氨酰胺合成酶的活性在生产中有何实际意义？

（2）不同植物器官的谷氨酰胺合成酶活性有何差异？为什么？

数字课程学习

- 实验要点与注意事项
- 推荐阅读

实验 3　谷氨酸合成酶活性的测定

一、实验目的

植物对氮的需求最大，氮素过少会严重影响植物正常生长，氮素过多不仅影响作物的产量和品质，还会带来环境污染、增加生产成本。因此，研究植物对氮的吸收和同化始终是植物营养学研究的课题之一。GS–GOGAT 的主要功能是同化光呼吸产生的 NH_4^+ 以及硝酸盐还原产生的 NH_4^+。NH_4^+ 在 GS–GOGAT 作用下被同化为谷氨酰胺（glutamine，Gln）和谷氨酸（glutamate，Glu）。GS 催化反应 L–Glu + NH_4^+ + ATP → L–Gln + H_2O + ADP + Pi。GOGAT 催化反应 L–Gln + α– 酮戊二酸 + 2 铁氧蛋白（还原型）（NADH + H^+）→ 2 L–Glu + 2 铁氧蛋白（氧化型）（NAD^+）。

水稻是我国主要粮食作物之一，也是典型的喜 NH_4^+ 作物。本次实验学习 NAD(P)H–GOGAT 的活性测定方法，深刻理解水稻对 NH_4^+ 的同化特点，为进一步提高水稻的氮素利用率提供依据。

二、实验原理

高等植物有两种类型的 GOGAT，一种以 NAD(P)H 为还原剂即 NAD(P)H–GOGAT（EC1.4.1.14），它催化的反应为：

$$\alpha\text{– 酮戊二酸} + \text{L– 谷氨酸} + NADH_2 \rightarrow 2\ \text{L– 谷氨酸} + NAD^+$$

还有一种是以 Fd 作为还原剂，即 Fd–GOGAT（EC 1.4.7.1），它催化的反应为：

$$\alpha\text{– 酮戊二酸} + \text{L– 谷氨酸} + \text{铁氧蛋白（还原型）} \rightarrow 2\ \text{L– 谷氨酸} + \text{铁氧蛋白（氧化型）}$$

本实验学习 NAD(P)H–GOGAT 的活性测定方法，在 GOGAT 的酶促反应过程中，NAD(P)H 被氧化后在 340 nm 处的吸光值降低，因此，可以通过 NADH 或 NADPH 的减少来计算酶活性。

三、实验试剂与器材

1. 材料

水稻根系。

2. 试剂

（1）酶提取液

同本章“实验 2　谷氨酰胺合成酶活性的测定”。

（2）酶活性测定储备液①（20 mmol/L 谷氨酰胺）

用分析天平精密称取 0.292 3 g 谷氨酰胺，用去离子水溶解，定容至 100 mL。

（3）酶活性测定储备液②（100 mmol/L α– 酮戊二酸）

用分析天平精密称取 1.461 1 g α– 酮戊二酸，用去离子水溶解，定容至 100 mL。

（4）酶活性测定储备液③（10 mmol/L KCl）

用分析天平精密称取 0.074 5 g KCl，用去离子水溶解，定容至 100 mL。

（5）酶活性测定储备液④

即为 25 mmol/L pH 7.6 Tris–HCl 缓冲液。称取 1.514 g Tris 溶解在适量去离子水中，用 HCl 调节 pH 至 7.6，定容至 500 mL。

（6）酶活性测定储备液⑤

即为 3 mmol/L NADH 溶液。称取 0.198 9 g NADH，加适量去离子水溶解，定容到 100 mL，现用现配。

3. 仪器

高速冷冻离心机、紫外 – 可见分光光度计、分析天平、恒温水浴锅。

4. 用具

研钵、移液器、离心管等。

四、实验步骤

取水稻根系若干，用去离子水冲洗，吸干表面水分，切成小段，称取 1.00 g 根段，加入 3 mL 酶提取液，冰浴研磨，转移至离心管中，高速冷冻离心机 15 000 g、4℃离心 20 min，上清液即为酶液。

分别取酶活性测定储备液②、③、④按照 10：20：390 的体积比混合均匀，取混合液 2.1 mL，于恒温水浴锅内 30℃水浴 5 min 左右，用移液器按照顺序分别加入 0.2 mL 酶活性测定储备液⑤、0.3 mL 酶液、0.4 mL 酶活性测定储备液①，混匀以后立即启动反应。反应启动后在紫外 – 可见分光光度计上于 340 nm 处每隔 30 s 测定一次吸光值，连续测定 10 次，选择吸光度稳定减小的一段来测定检测酶活性。

五、结果计算

$$\text{酶活性}\,[\mu\text{mol}/(\text{g}\cdot\text{min})]=\frac{[2\times(A_0-A_1)\times V_a\times V_t]}{(d\times\lambda\times t\times V_e\times m)}$$

式中，A_0、A_1 分别为反应前、后反应液的吸光值；t 为 A_0 到 A_1 经历的时间（min）；λ 为 1 μmol NADH 的吸光系数（6.22）；d 为比色杯的光径（cm）；V_a 为反应总体积（mL）；V_t 为酶液总体积（mL）；V_e 为参与反应的酶液体积（mL）；2 为消耗 1 μmol NADH 合成 2 μmol 谷氨酸；m 为样品鲜重（g）。

六、实验报告与思考题

1. 实验报告

按照实际所做内容撰写。

2. 思考题

（1）GOGAT 活性容易受温度影响，实验时如何控制温度？

（2）不同植物器官的 GOGAT 活性有何差异？原因是什么？

数字课程学习

- 实验要点与注意事项
- 推荐阅读

第八章　植物大量元素和微量元素的测定

实验 1　植物全氮的测定——奈氏比色法和连续流动分析仪法

实验 1-1　奈氏比色法测定植物全氮

一、实验目的

氮素不仅是限制植物生长的首要因素，而且对产量形成和农产品的品质也有显著影响。氮素是构成蛋白质、氨基酸、酶、核酸、维生素、生物碱和激素等基础物质的成分，参与多种重要的生命代谢过程。植物体的氮主要存在于蛋白质和叶绿素中，含氮量的多少与植物种类、器官类型和发育阶段等因素有关，一般占植物干重的 0.3%～5%。

植物全氮测定的方法常见的有奈氏（Nessler）比色法和连续流动分析仪方法，通过本实验的学习，掌握这两种方法的原理与测定步骤，了解不同测定方法的异同和优缺点，目的是为作物氮素营养诊断提供技术支撑，为指导作物科学施肥提供一定的依据。

二、实验原理

奈氏比色法的原理是待测液中的铵在 pH 为 11 的碱性条件下与奈氏试剂发生反应，生成橘黄色配合物，其反应式如下：

$$KI + HgI_2 \xrightarrow{KOH} K_2HgI_4 \text{（奈氏试剂）}$$

$$K_2HgI_4 + 3KOH + NH_3 \longrightarrow Hg_2O(NH_4I) \text{（橘黄色）} + 7KI + H_2O$$

需要注意的是，该方法只能通过植物体内有机氮和铵态氮来评估全氮含量，不包括硝态氮。

三、实验材料、试剂与器具

1. 材料

干燥磨细（过 100 目）的植物叶片、根系等。

2. 试剂

（1）100 g /L 酒石酸钠溶液

（2）100 g /L KOH 溶液

（3）奈氏试剂

称取 HgI_2 45.0 g 和 KI 35.0 g，溶解于约 600 mL 去离子水中，必要时加热溶解，加入 KOH 112 g，溶解后加去离子水至 900 mL，摇匀，冷却后定容，于棕色瓶中保存备用（使用之前需过滤）。

（4）酚酞指示剂

称取 1 g 酚酞溶解在 100 mL 95% 乙醇中。

（5）100 μg/mL N（NH_4^+–N）标准溶液

100 μg/mL N（NH_4^+–N）标准溶液配制：用分析天平准确称取 0.381 7 g 烘干的 NH_4Cl（分析纯），溶解在去离子水中，定容到 1 000 mL，即为 100 μg/mL N（NH_4^+–N）贮备液。用时取贮备液 50 mL，稀释至 500 mL，即为 10 μg/mL N（NH_4^+–N）工作液。

（6）其他试剂

浓 H_2SO_4、30% H_2O_2。

3. 仪器

分析天平、紫外 – 可见分光光度计、消化炉。

4. 用具

消煮管（凯氏管）、弯颈小漏斗、移液管、容量瓶、小烧杯。

四、实验步骤

1. 植物样品的消解

植物样品在浓 H_2SO_4 作用下经历脱水碳化、氧化等过程，而氧化剂 H_2O_2 在热浓 H_2SO_4 溶液中分解出的新生态氧（H_2O_2——H_2O_2 +［O］）具有强烈的氧化作用，可以分解样品中未被 H_2SO_4 氧化的有机物和碳，使有机氮、磷等转化为无机铵盐和磷酸盐。因此，可以利用此消煮液分别测定氮、磷、钾等元素。

用分析天平精密称取植物样品 0.100 0 ~ 0.200 0 g 置入消煮管，加少许去离子水湿润，再加浓 H_2SO_4 5 mL，轻轻摇匀（最好放置过夜），瓶口放一个弯颈小漏斗，消化时先低温缓缓加热，待浓 H_2SO_4 分解冒白烟以后逐渐升高温度。当溶液呈棕黑色时取下消煮管，稍微冷却后，逐滴加入 30% H_2O_2 10 滴，并不断摇动消煮管，再加热至微沸，保持 5 ~ 10 min，稍微冷却后再加入 30% H_2O_2 5 ~ 10 滴，如此反复 2 ~ 3 次直至消煮液清亮，再加热 5 ~ 10 min 以除尽过剩的 H_2O_2。取出消煮管冷却，用少量去离子水冲洗弯颈小漏斗，洗液洗入瓶中，将消煮液用去离子水定容至 100 mL，取过滤液（必要时离心）可用于氮、磷、钾等元素的测定（待测液）。消煮时应同时做空白实验以校正试剂误差。

2. 氮标准曲线的制作

用移液管分别吸取 10 μg/mL N（NH_4^+–N）工作液 0、2.50 mL、5.00 mL、7.50 mL、10.00 mL、12.50 mL，置于 6 个 50 mL 容量瓶中，各瓶分别加入 100 g/L 酒石酸钠溶液

2 mL、奈氏试剂 2.5 mL，充分摇匀，用去离子水定容，显色 30 min 后用紫外－可见分光光度计于 420 nm 处比色。以标准曲线的空白液调节分光光度计零点。

3. 全氮的比色测定

用移液管吸取待测液 1～5 mL，置于 50 mL 容量瓶中，加酒石酸钠溶液 2 mL，充分摇匀，再加入 100 g/L KOH 溶液中和溶液中的酸（在小烧杯中另取一份待测液，以酚酞作指示剂，测定中和这份溶液所需 KOH 的体积，即为此步加入 KOH 溶液的体积），加去离子水至 40 mL，摇匀，加奈氏试剂 2.5 mL，用去离子水定容后充分摇匀。30 min 后用紫外－可见分光光度计比色，波长为 420 nm。在样品测定的同时需做空白实验以校正试剂误差。

五、结果计算

$$植物全氮含量（\%）= \rho \times V \times ts \times 10^{-4}/m$$

式中，ρ 为从标准曲线查得显色液的质量浓度（μg/mL）；V 为显色液体积（mL）；ts 为分取倍数；m 为烘干样品的质量（g）。

六、实验报告与思考题

1. 实验报告

按照实际所做内容撰写。

2. 思考题

（1）样品的消解过程中哪些操作环节需要注意实验安全?

（2）显色液的 pH 对植物氮比色测定结果有何影响?

实验 1-2　连续流动分析仪法测定植物全氮

一、实验目的

连续流动分析仪是植物营养学研究中使用最广泛的仪器之一。通过本实验的学习，理解连续流动分析仪法测定植物全氮的原理，熟练掌握利用连续流动分析仪测定全氮的方法和步骤，为生产实践中作物氮素营养诊断提供技术支撑。

二、实验原理

本实验以 AA3 型连续流动分析仪为例简要描述仪器的工作流程。连续流动分析仪由采样器、蠕动泵、化学模块及数字比色计组成，仪器配有 MT7、MT8 2 个化学模块，双通道，含 AACE 操作软件，图 3-24 为 MT7 模块显示全氮的分析流程示意图。工作原理：利用空气片段连续流动分析技术将样品和试剂在一个连续流动的系统中均匀混合，由于样品被均匀的气泡分割，降低了液体的扩散度及样品之间的交叉污染。AACE 操作软件能进行自动分析的控制和计算。分析流程：标准溶液和样品通过采样器被蠕动泵吸出并流过整个系统，并不断地输送不同分析方法所需的试剂，吸入的空气将流体分割成片段，在同样测定条件下每个片段在混合圈中充分混合反应生成有色化合物，通过检测器将信号输入电脑，软件进行数据处理并生成报告。

AA3 型连续流动分析仪测定全氮的化学原理是样品消解液中的铵态氮与水杨酸钠和次氯酸钠反应，在硝普纳催化下生成蓝色化合物，在 660 nm 处有最大吸收峰。此反应适宜的 pH 为 12 ~ 13，NH_4^+–N 测定范围为 0 ~ 25 mg/L。AA3 型连续流动分析仪测定全氮的分析流程如图 3–24 所示。

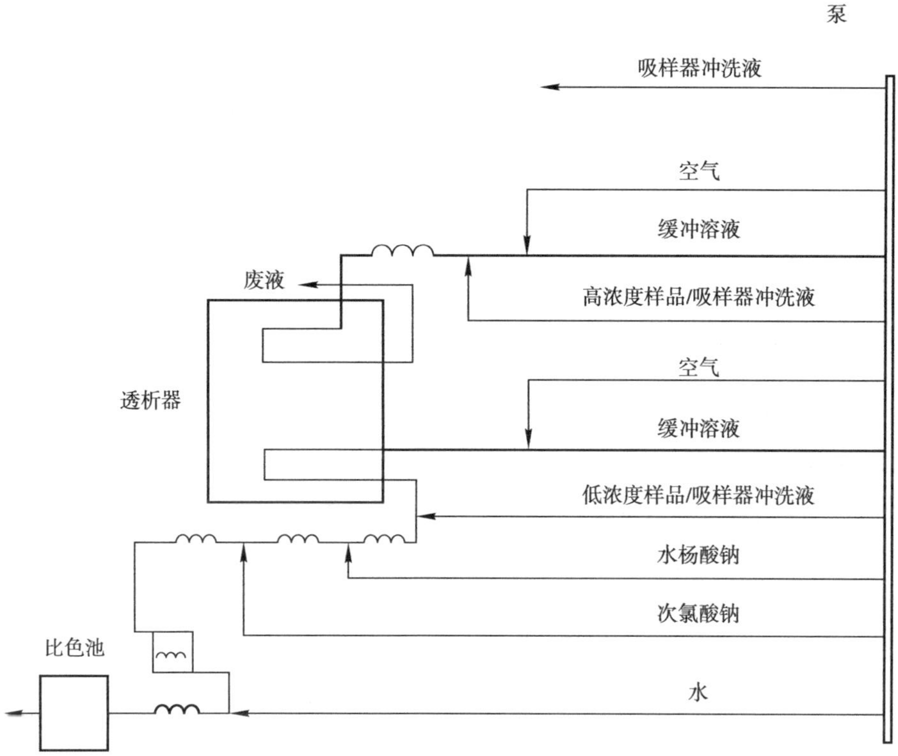

图 3–24　AA3 型连续流动分析仪测定全氮的分析流程（参考：王荣花，2017）

三、实验材料、试剂与器具

（一）材料

干燥磨细（过 100 目）的植物样品。

（二）试剂

1. 样品消解所用试剂

浓 H_2SO_4、30% H_2O_2。

2. 流动分析仪测定全氮所用试剂

（1）缓冲液　磷酸氢二钠 35.8 g、NaOH 32 g、酒石酸钾钠 50 g，去离子水溶解并定容至 1 000 mL，加 300 g/L Brij–35 溶液 2 mL，此溶液需每周更新。

（2）水杨酸钠（约使用 14 h）　水杨酸钠 40 g、硝普钠 1 g，去离子水溶解并定容至 1 000 mL，混匀保存。此溶液每周更新。

（3）次氯酸钠（约使用 14 h）　加入 3 mL 次氯酸钠溶液（活性氯为 5.25%）到 60 mL 去离子水中，稀释至 100 mL，混合均匀。当天现用现配。

（4）4% H_2SO_4（约使用 15 h）　小心加入 80 mL H_2SO_4 至 1 500 mL 去离子水中，冷却后稀释至 2 L。可长期存放。

（5）氮标准溶液　用分析天平准确称 $(NH_4)_2SO_4$ 4.717 g，溶解于 600 mL 去离子水中，定容至 1 000 mL，即为 1 000 mg/L 氮标准溶液。由氮标准溶液配制标准曲线，浓度分别为 0、5 mg/L、10 mg/L、15 mg/L、20 mg/L、25 mg/L、30 mg/L。

（6）系统清洗液（每日清洗）　称取 2 g 十二烷基硫酸钠溶解，加水定容至 1 L。

（三）仪器

AA3 型连续流动分析仪、分析天平。

（四）用具

离心管、微孔滤膜等。

四、实验步骤

（一）样品制备

植物样品的制备过程参见本章“实验 1–1　奈氏比色法测定植物全氮”中植物样品的消解部分。消解后的植物样品转移至 10 mL 塑料离心管，8 000 r/min 离心 10 min，取上清液用 0.45 μm 微孔滤膜过滤得到澄清透明的样品，转移到流动分析仪专用样品杯中上机测定。

（二）AA3 型连续流动分析仪一般操作步骤

1. 开机前检查

检查蠕动泵两侧导轨是否安装正确，泵管卡块是否安装到位；泵管安装是否正确；管路连接是否正确。为了区分吸取不同试剂的管子，可把它们进行编号，如：吸取缓冲液的是 1 号和 2 号管；3 号管用于吸取样品和氮标准溶液；4 号管和 5 号管分别吸取水杨酸钠和次氯酸钠；6 号是吸水管；7 号管吸取 4% 硫酸作为系统清洗和标准溶液的稀释剂。检查管路中的接头（两通、三通、玻璃管间的塑料套管）是否牢靠，不会出现漏液或进气泡现象。检查流程如下：

进样针→泵管→化学模块中的混合圈→透析膜

加热池→检测器中的流通池→废液管

2. 开启软件

各种版本软件的界面略有不同，详情查阅随机的用户手册，但操作步骤基本一致。打开软件，在主菜单中单击“charting”进行联机。

3. 建立分析文件

点击“Set up”菜单，点击“分析 Analysis....F4”，建立新的运行文件，先从“Set up”下拉菜单“Analysis”中选一个运行，按“Copy run”复制新的运行，修改样品数目。每次运行前先点击系统窗口的“Charting”，在弹出的对话框中选择要运行的方法，确定后弹出通道窗口。或双击系统窗口任务栏左下角，选择要运行的方法。如果还没建立一个分析文件，应点击窗口右侧按钮“New Ananlysis”，点击“OK”；如果只做一项分析，可将另外一个通道删除，出现分析文件设置窗口后，输入分析文件名，输入每小时样品数为 40；样品 / 清洗（Sample to Wash）为 3.0∶1。设置时各杯样品或标准的顺序要与实际样品架上的杯序相一致。“Drift”为漂移校正杯，可以分析校正整个测定过程中反应的灵敏度的漂移，建议选用；“Carryover”为带过校正杯，可以分析校正整个测定过程中高浓度样品对其后低浓度样品的污染或干扰情况，带过较大时应增加清洗时间、降低分析速度，可不选；“Baseline”为基线校正杯，可以分析校正基线的漂移。

Chanel1 的设置：标准的浓度输入要与摆放次序一致，以上选用的是从高到低的摆放次序，设置完成后点击“OK”键，弹出对话框询问是否建立对应的运行文件，点击“是”，进入一个与分析文件完全相似的对话框，这就是每次分析测定时需要设定的运行文件对话框。

单击右键，在菜单中调节基线，单击“建立基线（Set Base）”，等待基线稳定。基线平稳后，把管道放入对应的试剂瓶中。确定所有试剂已通过流通池，检查试剂吸收。如果试剂吸收远远超过所给方法的标准，更换相应试剂。如果基线不平稳，检查管路中的气泡，特别是流通池流出管路中气泡，塑料管中的气泡必须是圆的，如果不是，请检查是否加了表面活性剂，管路是否正确或被污染。等待通入试剂的基线稳定后，再单击“Set Base”调整基线高度。如果运行新的方法或最高标准溶液浓度有变化，需要重新调整增益。控制进样器吸取最高标准溶液 2 min，等待出峰，当峰上升至最高点并保持平稳时，单击右键，在菜单中选择“设定增益（Set Gain）”以设置增益。然后等待基线平稳，然后再次选择“Set Base”。

4. 开始运行

窗口菜单中单击“Stop”，关闭所有通道窗口以保存相关参数（增益、基线值和灯强度），然后单击系统窗口菜单“Run”，选择设置好的运行文件。运行过程中，如果样品超标，会自动出现提示对话框，按“Yes”键即可。运行结束后，也会自动出现提示对话框，按“OK”键，结束分析。

5. 清洗管道

使用专门清洗液或使用去离子水和活化剂清洗系统。把泵调到快速，洗入清洗液

10 min 以上直到管道清亮，再用去离子水清洗 15 min，关掉泵的电源，取下泵的压盖、放松泵管。

五、结果计算

$$植物全氮含量（\%）=\frac{\rho \times V \times 10^{-3}}{m}$$

式中，ρ 为仪器测定氮的质量浓度（mg/L）；V 为定容体积（mL）；m 为干样品的质量（g）。

六、实验报告与思考题

1. 实验报告

按照实际所做内容撰写。

2. 思考题

（1）如何确定氮标准曲线的合适浓度范围？

（2）测定结果对判断植物氮含量以及指导合理施肥有何意义？

数字课程学习

- 实验要点与注意事项
- 推荐阅读

实验 2　植物全磷的测定——钒钼黄比色法和连续流动分析仪法

实验 2-1　钒钼黄比色法测定植物全磷

一、实验目的

磷是植物生长发育必需的营养元素之一，它既是生物大分子的结构组分，也是多种重要化合物如核酸、磷脂、三磷酸腺苷、核苷酸等的结构组分。磷参与糖类、氮素和脂肪代谢，在提高植物的抗逆性和适应能力方面有重要作用。

本实验学习用钒钼黄比色法测定植物全磷，以期为植物磷营养诊断提供技术支持和实践指导。

二、实验原理

正磷酸能与偏磷酸盐和钼酸盐在酸性条件下反应形成黄色的杂聚化合物钒钼酸盐，可以用比色法（钒钼黄比色法）测定。

三、实验材料、试剂与器具

1. 材料

干燥磨细（过 100 目筛）的植物叶片、根系等。

2. 试剂

（1）钼酸铵 – 偏钒酸铵溶液

称取 20 g 钼酸铵［$(NH_4)_6Mo_7O_2 \cdot 4H_2O$］，溶于 400 mL 去离子水中，另称 1.25 g 偏钒酸铵（NH_4VO_3）溶于 300 mL 沸水中，冷却后加 250 mL 浓 HNO_3，冷却。在搅拌条件下将钼酸铵溶液缓慢地倒入偏钒酸铵溶液中，加去离子水定容至 1 L。

（2）6 mol/L NaOH 溶液

称取 24 g NaOH，溶解于适量去离子水中，定容至 100 mL。

（3）2,4– 二硝基酚指示剂

称取 2,4– 二硝基酚（或 2,6– 二硝基酚）溶于 100 mL 去离子水（必要时过滤），变色范围是 pH 2.4（无色）～4.0（黄色），变色点 pH 3.1。

（4）50 mg/L 磷标准溶液

用分析天平精密称取 0.219 5 g 于 105℃烘干的 KH_2PO_4，用去离子水溶解后转入 1 L 容量瓶，加 5 mL 浓硫酸，然后定容，储存于塑料瓶中在冰箱保存。

3. 仪器

分析天平、消化炉、紫外 – 可见分光光度计。

4. 用具

消煮管（凯氏瓶）、弯颈小漏斗、容量瓶等。

四、实验步骤

1. 样品制备

植物样品的消解方法详见本章“实验 1　植物全氮的测定——奈氏比色法和连续流动分析仪法”。

2. 植物全磷含量的比色测定

吸取待测液 10 mL 于 25 mL 容量瓶中，加 2,4– 二硝基酚指示剂 2 滴，用 6 mol/L NaOH 溶液中和至刚呈微黄色，加入钼酸铵 – 偏钒酸铵溶液 5 mL，用去离子水定容，放置 15 min 后于 450 nm 处比色，读取吸光值。同时做空白实验。

3. 磷标准曲线的制作

分别吸取 50 mg/L 磷标准溶液 0、0.5 mL、1.5 mL、3.0 mL、5.0 mL、7.5 mL 于 6 个 25 mL 容量瓶中，加 2,4– 二硝基酚指示剂 2～3 滴，再加入钼酸铵 – 偏钒酸铵溶液 5 mL，用去离子水定容，放置 15 min 后于紫外 – 可见分光光度计 450 nm 处比色，读取吸光值。以标准曲线的空白液调节分光光度计零点。

五、结果计算

$$植物全磷含量（\%）=（\rho \times V \times ts \times 10^{-4}）/m$$

式中，ρ 为从标准曲线查得磷的质量浓度（μg/mL）；V 为显色时定容的体积（mL）；ts 为分取倍数，即定容体积与吸取待测液体积之比；m 为样品质量（g）。

六、实验报告与思考题

1. 实验报告

按照实际所做内容撰写。

2. 思考题

（1）本次实验影响植物全磷测定误差的因素有哪些？

（2）实验所用 2,4- 二硝基酚为易制爆类管制危化品，怎样做好实验危化品的安全使用与管理？

（3）植物全磷的测定除了本实验用的钒钼黄比色法，还有哪些方法？

实验 2-2　连续流动分析仪法测定植物全磷

一、实验目的

学习用连续流动分析仪法测定植物全磷含量的原理与方法，为农业生产上植物磷营养的诊断提供技术参考，为合理施肥提供理论依据。

二、实验原理

AA3 型连续流动分析仪测定全磷的化学原理是有机磷化合物和多磷酸盐通过消解过程转化为正磷酸盐。在酸性条件下，磷酸盐、钼酸盐和锑与抗坏血酸产生还原反应生成蓝色的磷钼蓝复合物，后者在 660 nm 有吸收峰，可以经比色测定。AA3 型连续流动分析仪测定全磷的分析流程如图 3–25 所示。

三、实验试剂与器材

1. 材料

干燥磨细（过 100 目）的植物样品。

2. 试剂

（1）钼酸铵储备液

称取钼酸铵 6.2 g、酒石酸锑钾 0.17 g、十二烷基硫酸钠 2 g，用去离子水溶解并定容至 1 L，棕色瓶内保存。此溶液需每周更新。

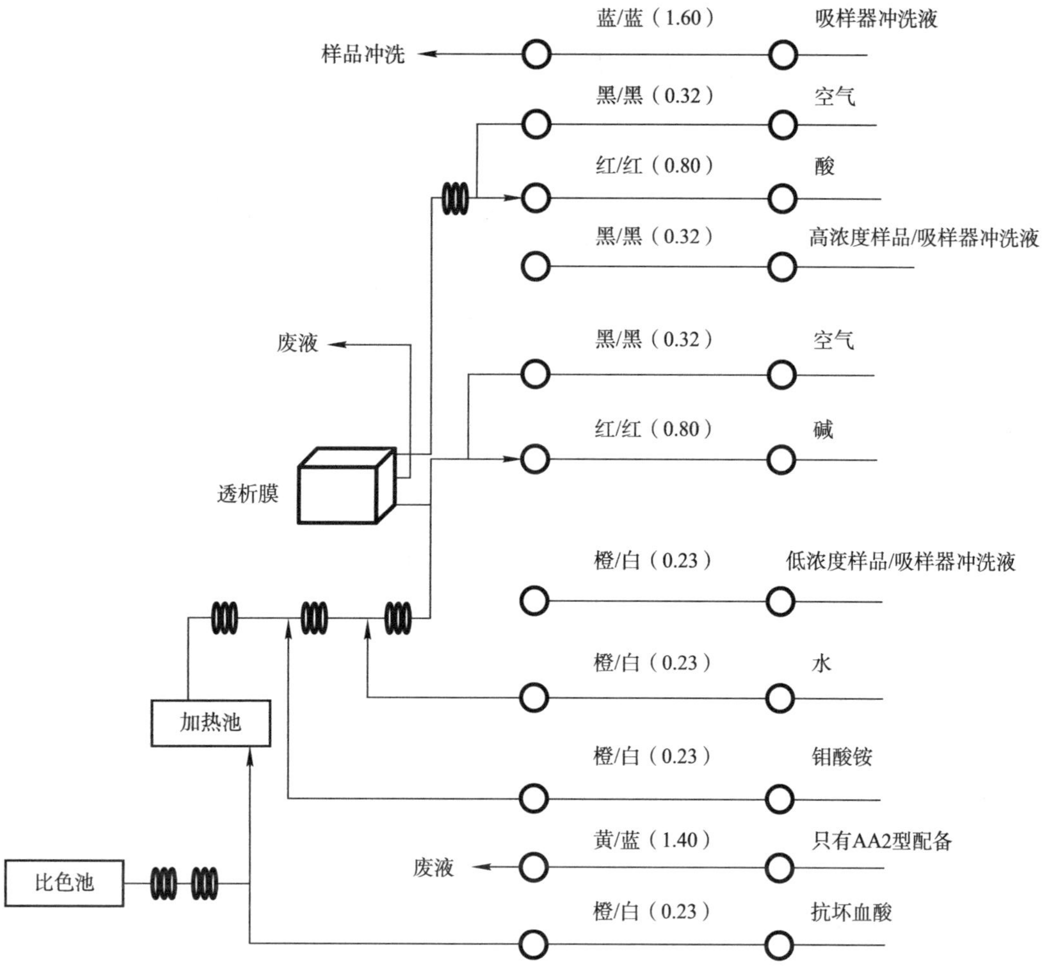

图 3–25　AA3 型连续流动分析仪测定全磷的分析流程示意图

（2）酸性盐储备液

称取 5 g NaCl 溶解于 700 mL 去离子水中，缓缓加入 H_2SO_4 12 mL，用去离子水定容至 1 L。此溶液比较稳定。

（3）系统清洗液

称取十二烷基硫酸钠 2 g，溶解于去离子水中，定容至 1 L。

（4）磷标准溶液

用分析天平精密称取磷酸二氢钾（分析纯）4.394 g，去离子水中溶解并定容到 1 L，即为磷标准溶液。

（5）其他试剂

浓 H_2SO_4、30% H_2O_2。

3. 仪器

AA3 型连续流动分析仪、分析天平、消化炉、通风橱。

4. 实验用具

离心管、100 mL 硬质消化管、容量瓶、微孔滤膜等。

四、实验步骤

样品制备方法同本章“实验 1　植物全氮的测定——奈氏比色法和连续流动分析仪法”部分植物样品的消解。消解后的样品转移至 10 mL 塑料离心管，8 000 r/min 离心 10 min，取上清液用 0.45 μm 微孔滤膜过滤得到澄清的样品，转移到连续流动分析仪专用样品杯中上机测定。

稀释磷标准溶液，配制成 0、2 mg/L、4 mg/L、8 mg/L、10 mg/L、20 mg/L、40 mg/L、50 mg/L 的系列溶液，绘制标准曲线。

五、结果计算

$$植物样品磷含量（\%）=\rho \times V/m \times 10^{-4}$$

式中，ρ 为仪器测定磷的质量浓度（mg/L）；V 为定容体积（mL）；m 为植物试样的质量（g）。

六、实验报告与思考题

1. 实验报告

按照实际所做内容撰写。

2. 思考题

（1）如何配制适合浓度范围的磷的标准曲线？

（2）测定结果对判断植物磷含量以及指导合理施肥有何意义？

数字课程学习

- 实验要点与注意事项
- 推荐阅读

实验 3　植物全钾的测定——H_2SO_4-H_2O_2 消解 - 火焰光度计法

一、实验目的

钾是植物生长所必需的大量元素之一，它参与维持细胞渗透势、调节气孔运动等多种生理生化反应。植物组织中的钾主要以离子形式存在于植物组织中，可以用浓硫酸消化来提取，提取液中的钾用火焰光度计快速准确地直接测定。本实验学习用火焰光度计测定植物钾离子的原理与方法，以期为生产上植物钾营养诊断及合理施肥提供一定的参考和指导。

二、实验原理

火焰光度计的基本原理前文已提及，简单说就是样品溶液经过燃烧被激发，当激发态电子回到低能级时发射特定波长的光，谱线强度与试样中待测元素的浓度呈正比关系。

三、实验材料、试剂与器具

1. 材料

干燥磨细（过 100 目筛）的植物叶片、根系等。

2. 试剂

100 μg/mL 钾标准溶液：用分析天平准确称取 0.190 7 g KCl（110℃，烘箱烘干 2 h 至恒重），溶于去离子水并定容至 1 L。

3. 仪器

分析天平、消化炉、火焰光度计。

4. 实验用具

弯颈小漏斗、消煮管（凯氏管）、火焰光度计、移液管、容量瓶等。

四、实验步骤

植物样品的制备方法参考本章实验 1“植物全氮的测定——奈氏比色法和连续流动分析仪法”。

分别准确吸取 0、2.5 mL、5 mL、10 mL、15 mL、20 mL、40 mL 的钾标准溶液置于 100 mL 容量瓶，用去离子水定容，即为 0、2.5 μg/mL、5 μg/mL、10 μg/mL、15 μg/mL、20 μg/mL、40 μg/mL 的钾标准系列溶液。以标准曲线最大的浓度为火焰光度计上检流计满度（100），然后从低浓度到高浓度依次测定，记录检流计上的读数。以检流计读数为纵坐标，钾的质量浓度为横坐标，绘制标准曲线。标准曲线测完后接着测定样品。

五、结果计算

$$\text{植物全钾含量（\%）} = \frac{\rho \times V \times ts \times 10^{-4}}{m}$$

式中，ρ 为仪器测定钾的质量浓度（mg/L）；V 为定容体积（mL）；ts 为分取倍数，即定容体积与吸取消煮液的体积比；m 为烘干植物样品的质量（g）。

六、实验报告与思考题

1. 实验报告

按照实际所做内容撰写。

2. 思考题

样品消解过程中需要注意哪些安全事项？

数字课程学习

- 实验要点与注意事项
- 推荐阅读

实验 4　植物硼的测定——甲亚胺比色法

一、实验目的

硼是植物生长所必须的微量元素之一，它在植物体内的含量一般在 20 ~ 100 mg/kg，不同植物硼的含量差异较大，十字花科、豆科及耐盐植物含硼较多。植物缺硼可导致只开花、不结果。本实验学习植物硼的测定方法——甲亚胺比色法，为生产实践中植物缺硼症状的诊断以及科学施肥提供一定的参考。

二、实验原理

植物样品用干灰化法处理后，用盐酸溶解灰分，溶液中的铁、铝、钙、镁、硅等可以通过加入的饱和碳酸钡分离去除，滤液中的硼与甲亚胺在 pH 5.1 ~ 5.8 的 NH_4OAc–HOAc 缓冲溶液中配合形成棕黄色配合物，配合比为 1∶3（硼∶甲亚胺），配合稳定常数 5.1×10^8 在 410 ~ 420 nm 处有最大吸收峰。适宜的显色温度在 20 ~ 35℃，显色时间 2 h。该方法操作简便、快速准确，测定的浓度范围广，广泛用于植物、土壤和水中硼的测定。

三、实验试剂与器材

1. 材料

干燥磨细（过 60 目筛）的植物叶片、根系等。

2. 试剂

（1）甲亚胺显色液

称取甲亚胺 –H 酸 0.90 g、抗坏血酸 2.00 g，溶于 60 mL 去离子水中，定容到 100 mL

（必要时过滤），转入棕色瓶保存。此试剂要现用现配。

（2）乙酸铵缓冲液

称取乙酸铵 250 g，溶于 400 mL 去离子水中，缓慢加入乙酸 125 mL，混匀后转入塑料瓶保存。

（3）100 mg/L 硼标准溶液

用分析天平准确称取硼酸（优级纯）0.571 6 g，溶于适量去离子水中，定容到 1 L，转入塑料瓶中保存。

（4）其他试剂

0.1 mol/L HCl、饱和碳酸钡溶液。

3. 仪器

马弗炉、通风橱、分析天平、紫外 – 可见分光光度计、恒温培养箱。

4. 用具

白金坩埚、干燥器、移液管、容量瓶、瓷盘等。

四、实验步骤

（一）植物样品的制备

1. 植物粗灰分的测定

先把洗净的坩埚放入 550℃马弗炉内灼烧 15 min 以上，取出置于瓷盘内放置一段时间，当戴上棉手套手部可以触及时转入干燥器内平衡后称重，必要时再次灼烧，冷却后称重至恒重为止。

植物样品灰化和粗灰分的测定方法：将装有 5.00 g 样品的坩埚置于电炉上通风橱内烧至无烟。将坩埚移到已经烧至暗红的马弗炉门口，片刻后置入炉膛内部，关闭炉门，加热到约 525℃烧至灰分呈灰白色（1 ~ 2 h），若灰化不完全，可取出放冷后加几滴蒸馏水，水浴蒸干后继续灰化。灰化完全后，待炉温降至 200℃时取出，放置一会置入干燥器平衡后称重，可得粗灰分。

$$粗灰分含量 = \frac{m_2-m_1}{m_3-m_1}$$

式中，m_1 为坩埚质量，m_2 为灰化后坩埚加灰分质量，m_3 为空坩埚加样品的质量。

2. 植物样品制备方法

用分析天平准确称取过 0.5 mm 筛的烘干植物样品 0.500 0 ~ 1.000 g 放入坩埚中，按照上述方法灰化，待样品冷却后准确加入 0.1 mol/L HCl 10 mL 溶解灰分，小心加入饱和碳酸钡溶液直到沉淀产生，再多加 1 ~ 2 滴，移入 50 mL 容量瓶定容并过滤，滤液可用于测定。

（二）样品的比色测定

用移液管分别吸取待测液 10 mL、乙酸铵缓冲液 10 mL、甲亚胺显色液 5 mL 于

25 mL 容量瓶中，混匀后在 23℃恒温箱中显色 2 h，比色测定。

（三）硼标准曲线制作

把 100 mg/L 硼标准溶液稀释成 5 mg/L 硼标准工作液，分别吸取 5 mg/L 硼标准工作液 0、0.25 mL、0.50 mL、1.00 mL、1.50 mL、2.00 mL、2.50 mL 于 7 个 25 mL 容量瓶内，加乙酸铵缓冲液 10 mL，摇匀后加甲亚胺显色液 5.00 mL，用去离子水定容，即为 0、0.05 mg/L、0.1 mg/L、0.2 mg/L、0.3 mg/L、0.4 mg/L、0.5 mg/L 的硼系列标准溶液，保存在 23℃恒温培养箱中显色 2 h，紫外 – 可见分光光度计 420 nm 处比色测定。

五、结果计算

$$\text{硼含量（mg/kg）}=\frac{\rho\times V\times ts}{m}$$

式中，ρ 为从标准曲线查得磷的质量浓度（μg/mL）；V 为显色时定容体积（mL）；ts 为分取倍数，即定容体积与吸取待测液体积之比；m 为烘干样品的质量（g）。

六、实验报告与思考题

1. 实验报告

按照实际所做内容撰写。

2. 思考题

不同植物以及不同器官硼的含量差异较大，在生产实践中如何避免因植物取样部位的不同带来的硼营养诊断的偏差？

数字课程学习

- 实验要点与注意事项
- 推荐阅读

实验 5 植物铜、锌、铁、锰含量的测定——原子吸收分光光度计法和电感耦合等离子体原子发射光谱法

实验 5-1 原子吸收分光光度计法测定植物铜、锌、铁、锰含量

一、实验目的

铜、锌、铁、锰是在植物生长中起着重要作用的微量元素，它们或参与蛋白质及核酸的合成、氮的固定等诸多生理代谢过程，或参与电子传递，或作为酶促反应中心。

植物中铜的含量在 5 ~ 30 mg/kg，低于 5 mg/kg 出现缺铜症状，高于 30 mg/kg 出现铜

中毒症状。植物中锌的含量很低，可在 5 ~ 80 mg/kg，不同植物、同一植物的不同器官以及在不同的发育期锌的含量变化较大，一般作物含锌量少于 15 mg/kg 对锌肥有良好的反应。铁在植物生长中起着非常重要的作用，然而在碱性石灰性土壤中，铁的溶解度因较高 pH 和碳酸盐的含量而严重降低，植物缺铁已成为亟需解决的一个重要问题。缺铁主要反映在植物叶片上，一般正常生长的植物成熟叶片铁的含量在 50 ~ 250 mg/kg，小于 50 mg/kg 可能造成缺铁，大于 300 mg/kg 可能导致铁毒害。植物锰的含量在 10 ~ 150 mg/kg，植物在不同发育时期及不同部位锰的含量差异较大，一般以植物叶片的干物质含锰量作为测定指标。

本实验学习用原子吸收分光光度计测定植物铜、锌、铁、锰含量的方法，以期为生产实践中农作物微量元素的丰缺诊断提供技术指导。

二、实验原理

植物样品经过干灰化法灰化后，用稀 HCl 或 HNO_3 溶解灰分，溶液中的铜、锌、铁、锰可直接用于测定。原子吸收分光光度计的工作原理和一般操作步骤参见本书第三章。

三、实验材料、试剂与器材

1. 材料

干燥磨细（过 60 目筛）的植物叶片、根系等。

2. 试剂

1∶1 HNO_3（分析纯），1 000 mg/L 铜、锌、铁、锰标准溶液（国家标准物质中心）。

3. 仪器

马弗炉、通风橱、分析天平、原子吸收分光光度计、恒温箱。

4. 实验用具

陶瓷坩埚（或白金坩埚）、干燥器、移液管、容量瓶等。

四、实验步骤

1. 植物样品的制备

样品的灰化与制备参见本章“实验 4　植物硼的测定——甲亚胺比色法”相关内容，灰化后冷却，准确加入 1∶1　HNO_3 5 mL，溶解后全部转移到 100 mL 容量瓶中，用去离子水定容、过滤，保存在塑料样品瓶内。

2. 上机测定

按照标准系列溶液和待测溶液的进样顺序测定。原子吸收分光光度计测定铜、锌、铁、锰的仪器参数如表 3–2 所示。

表 3-2　原子吸收分光光度计测定铜、锌、铁、锰的仪器条件（参考：张行峰，2005）

仪器参数	设置内容			
测定元素及波长 /nm	Cu（324.7）	Zn（213.7）	Fe（248.3）	Mn（279.5）
火焰	贫焰			
燃气	高纯乙炔			

3. 铜、锌、铁、锰标准曲线配制

把铜、锌、铁、锰标准溶液分别稀释成 10 mg/L 的标准工作液。用移液管分别准确吸取标准工作液 0、2 mL、4 mL、6 mL、8 mL、10 mL、15 mL、20 mL 于 8 个 100 mL 容量瓶中，用去离子水定容，即得到 0、0.2 mg/L、0.4 mg/L、0.6 mg/L、0.8 mg/L、1.0 mg/L、1.5 mg/L、2.0 mg/L 的铜、锌、铁、锰混合标准系列溶液。

五、结果计算

$$\text{铜、锌、铁、锰含量（mg/kg）}=\frac{(\rho-\rho_0)\times V}{m}$$

式中，ρ 为从标准曲线查得铜、锌、铁、锰的质量浓度（μg/mL）；ρ_0 为从标准曲线查得空白消解液铜、锌、铁、锰的质量浓度（μg/mL）；V 为消化后定容体积（mL）；m 为烘干样品的质量（g）。

六、实验报告与思考题

1. 实验报告

按照实际所做内容撰写。

2. 思考题

（1）在灰化过程中如何避免样品的污染和损失？

（2）在配制标准曲线时，如何确定待测元素合适的标准曲线浓度范围？

实验 5-2　电感耦合等离子体原子发射光谱法测定植物铜、锌、铁、锰含量

一、实验目的

同实验 5-1。

二、实验原理

以安捷伦 710（Inductively Coupled Plasma Optical Emission，ICP-OES）型为例。主机构造主要由以下部件组成：电源及紧急开关、进样系统、蠕动泵、等离子体室、光

室、检测器和排风口。ICP-OES 的工作原理是：样品经过高温气化为分子，在激发源作用下进一步解离成原子、离子，激发态原子 / 离子回到基态，以光的形式释放能量，由分光系统收集检测，最后由微处理器和电子控制系统即检测器检出。原子发射光谱分光系统的作用是，光源发出的光均匀照在狭缝上，然后经准直物镜变成平行光照射到色散原件上，色散后各种波长的平行光由聚焦物镜聚焦投影到焦面上，获得按照波长次序排列的光谱，并记录检测。这是与原子吸收光谱的不同之处。

植物或土壤样品经强酸消解，微孔滤膜过滤以后用于上机测定，ICP-OES 可以同时测定包括铜、锌、铁、锰在内的多种金属元素的含量。

三、实验材料、试剂与器材

1. 材料

烘干的植物样品（过 100 目）。

2. 试剂

浓 HNO_3、双氧水，1 000 mg/L 的铜、锌、铁、锰标准溶液。

3. 仪器

安捷伦 710 型 ICP-OES、分析天平、消化炉。

4. 用具

硬质消化管、微孔滤膜、容量瓶等。

四、实验步骤

1. 植物样品的制备

准确称取烘干植物样品 0.250 0 g 于 100 mL 硬质消化管，加 1 mL 去离子水浸润样品，加浓 HNO_3 5 mL，密封过夜。先于 40 ~ 50℃加热 18 ~ 30 min，待生成白烟后取下冷却。加入 2 mL 双氧水，180 ~ 200℃高温消煮直到溶液清亮，清亮后再煮 20 min 以除去多余的双氧水。取下冷却至室温，用去离子水定容至 100 mL。同时做空白实验。

2. 开机测定

简要操作步骤如下：打开 ICP-OES 工作站，单击“方法”编辑仪器工作条件。各条件设置如下：雾化器压力 190 KPa；氩气流速 1.10 ~ 1.20 L/min；等离子体流速 15 ~ 18 L/min，雾化器功率 1.10 W；发射功率 1.60 KW；泵速 13 ~ 20 r/min；选择要测定的元素及最佳谱线，输入标准曲线浓度，依次点击“点火”“分析”。

3. 标准曲线配制

铜、锌、铁、锰混合标准系列溶液浓度为 0、0.2 mg/L、0.4 mg/L、0.6 mg/L、0.8 mg/L、1.0 mg/L、1.5 mg/L、2.0 mg/L，配制方法同本章实验 5-1。

五、结果计算

$$\text{样品待测元素的含量（mg/kg）}=\frac{(\rho-\rho_0)\times V}{m}$$

式中，ρ 为仪器测定的待测元素质量浓度（mg/L）；ρ_0 为空白消解液铜、锌、铁、锰的质量浓度（mg/mL）；V 为定容体积（mL）；m 为烘干样品的质量（g）。

六、实验报告与思考题

1. 实验报告

按照实际所做内容撰写。

2. 思考题

（1）测定前如何确定待测元素的适合浓度范围？

（2）如何减少 ICP-OES 测定的谱线干扰？

数字课程学习

- 实验要点与注意事项
- 推荐阅读

实验 6 作物缺素症状的观察与诊断

一、实验目的

植物生长必需的营养元素有碳、氢、氧、氮、磷、钾、钙、镁、硫、硼、锰、锌、钼等。必需营养元素的缺乏会影响植物正常的生理生化反应而在外部形态上表现出一定的症状，如植株矮小、叶片失绿、叶片畸形、顶芽萎缩等。为了掌握某一营养元素供应不足所呈现的症状，可以通过砂培或溶液培养的方法观察植物的缺素症状，了解某种营养元素的生理功能。

本实验观察缺氮、缺磷、缺钾对作物形态和生长的影响，了解氮、磷、钾的营养功能和意义，提高对作物缺素症状诊断的能力，为生产实践中指导作物合理施肥提供一定的指导。

二、实验原理

植物生长所需要的营养物质供应不足或过多时，植物便不能正常生长发育，由于不同营养元素的生理功能不同，植物反应出来的症状也不同，在外部形态上就会出现特有的症状。植物体内的氮一般由老叶向新叶运输，缺氮首先反映在老叶。植物不同营养元素缺乏在叶片上表现出来的症状如图 3-26 所示。

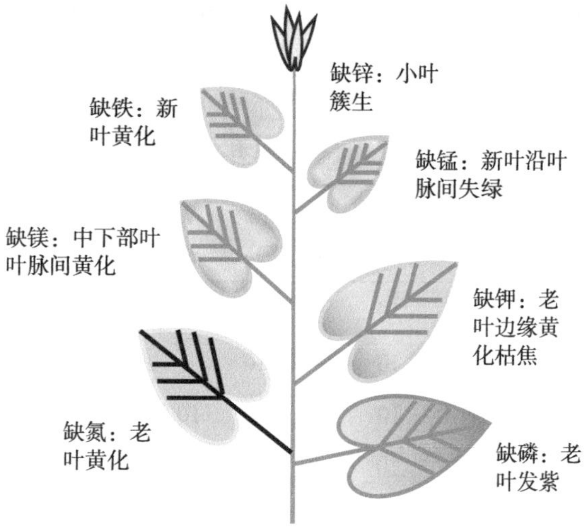

图 3-26　植物营养元素缺乏的典型症状示意图

三、实验材料、试剂与器具

（一）材料

小麦、油菜、玉米、大豆等种子，可以根据园艺学、种子学、植物学等不同的专业灵活选择。

（二）试剂

1. 营养液配制

（1）单盐储备液　按照表 3-3 分别配制各种单盐储备液 1 L，保存在试剂瓶中备用。

（2）完全培养液和缺素营养液配制　配制时先取约 900 mL 的去离子水（若是做微量元素缺乏实验最好用超纯水），以免几种盐混合时产生 $CaSO_4$、$MgHPO_4$、$Mg_3(PO_4)_2$ 沉淀，然后加入储备液，分别配制完全培养液和缺素培养液（表 3-4），最后定容至 1 L。再用 0.1 mol/L NaOH 或 HCl 调节 pH 至 5 ~ 6。实验时可以根据情况把学生分成不同的小

表 3-3　完全营养液所需试剂名称及用量

大量元素		微量元素	
试剂	用量 / ($g \cdot L^{-1}$)	试剂	用量 / ($g \cdot L^{-1}$)
$Ca(NO_3)_2$	82.07	H_3BO_3	2.860
KNO_3	50.56	$MnSO_4$	1.015
$MgSO_4 \cdot 7H_2O$	61.62	$CuSO_4 \cdot 5H_2O$	0.079
KH_2PO_4	27.22	$ZnSO_4 \cdot 7H_2O$	0.220
$NaNO_3$	42.45	H_2MoO_4	0.090
$MgCl_2$	23.81	$MnCl_2 \cdot 4H_2O$	1.324
Na_2SO_4	35.51	$CuCl_2 \cdot 2H_2O$	0.054
$CaCl_2$	55.50	$ZnCl_2$	0.104
KCl	37.28		
EDTA-Fe			
EDTA-Na_2	7.45		
$FeSO_4 \cdot 7H_2O$	5.57		

组，比如缺氮组、缺磷组、缺钾组、对照组，不同的实验小组分别配制缺氮、缺磷、缺钾等处理的营养液。

表 3-4 元素缺素培养所需储备液用量 单位：mL

储备液	完全	缺 N	缺 P	缺 K	缺 Ca	缺 Mg	缺 S	缺 Fe	缺 Mn	缺 B	缺 Cu	缺 Zn	缺 Mo	缺 Cl
$Ca(NO_3)_2$	10	–	10	10	–	10	10	10	10	10	10	10	10	10
KNO_3	10	–	10	–	10	10	10	10	10	10	10	10	10	10
$MgSO_4 \cdot 7H_2O$	10	10	10	10	10	–	–	10	10	10	10	10	10	10
KH_2PO_4	10	10	–	–	10	10	10	10	10	10	10	10	10	10
EDTA-Fe	1	1	1	1	1	1	1	–	1	1	1	1	1	1
$NaNO_3$	–	–	–	10	10	–	–	–	–	–	–	–	–	–
$MgCl_2$	–	–	–	–	–	–	10	–	–	–	–	–	–	–
Na_2SO_4	–	–	–	–	–	10	–	–	–	–	–	–	–	–
$CaCl_2$	–	10	–	–	–	–	–	–	–	–	–	–	–	–
KCl	–	10	2.5	–	–	–	–	–	–	–	–	–	–	–
H_3BO_3	1	1	1	1	1	1	1	1	1	–	1	1	1	1
$MnSO_4$	1	1	1	1	1	1	–	1	–	1	1	1	1	1
$CuSO_4 \cdot 5H_2O$	1	1	1	1	1	1	–	1	1	1	–	1	1	1
$ZnSO_4 \cdot 7H_2O$	1	1	1	1	1	1	–	1	1	1	1	–	1	1
H_2MoO_4	1	1	1	1	1	1	–	1	1	1	1	1	–	1
$MnCl_2 \cdot 4H_2O$	–	–	–	–	–	–	1	–	–	–	–	–	–	–
$CuCl_2 \cdot 2H_2O$	–	–	–	–	–	–	1	–	–	–	–	–	–	–
$ZnCl_2$	–	–	–	–	–	–	1	–	–	–	–	–	–	–

2. 其他试剂

1%稀 HCl、0.1 mol/L NaOH 溶液、0.1 mol/L HCl 溶液。

（三）仪器

分析天平、pH 计。

（四）用具

1 L 试剂瓶，直径 15 cm、高 18 cm 的瓷钵或塑料盆钵，塑料网、烧杯、纯净石英砂。

四、实验步骤

（一）装钵与播种

将洗净的瓷钵或塑料盆钵按实验处理编号，把一定大小的塑料网放置于底部排水孔上（防止瘟苗），然后装上洗净的石英砂 3 kg（石英砂面距钵口 1～2 cm，事先经 1%稀 HCl 浸泡淋洗处理，用水洗净，至无 Cl^- 和任何营养元素为止），播种已催芽过的小麦、油菜等，每钵各 30 粒。玉米、大豆每钵各 10 粒。为了使播种深度一致，最好在播种前从每钵中取一烧杯（100 mL）石英砂，先将钵中石英砂摊平，再将种子均匀撒布于砂面上，然后再将烧杯中的石英砂均匀地覆在种子上。在瓷钵的底部垫加承接液底盘，各处理添加 1/2 浓度营养液，添加量以刚有液体流出为好。每个处理重复两次，置于温室内的培养架上。

（二）栽培管理

1. 间苗

出苗一周后进行第一次间苗，两周后定苗，小麦每钵保留 10 株，油菜每钵保留 3 株（对于缺素处理，每钵可多留些苗）。每一作物品种的不同缺素处理分别设置 3 个重复，同时设正常生长的对照组 3 个重复。

2. 淋液、浇水和换液

一般每天淋液 1～2 次，即将底盆中的营养液倒回盆钵中，根据天气情况及时浇水（去离子水）以补充蒸发散失的水分，浇水量以第一次淋液时底盆中的营养液体积与浇水时底盆中营养液体积差为度，每周更换两次营养液以调节补充养分，避免根系排出的酸、有机物等对作物生长的抑制，换液前测定盆底中残留营养液的 pH。

3. 盆钵换位

为了消除各盆之间受外界环境条件（光、热、风等）的影响，不同处理及同一处理的不同重复在培养架上的位置应经常调换。

4. 防治病虫

实验期间要防治病虫危害，一旦出现病虫害，应采用对处理无影响的方法及时防治。

5. 观察记录

注意观察记录作物的叶（柄）色、株高、叶片数、叶着生角度、叶片特殊症状及分蘖或分枝情况、根系发育状况等。拍摄作物生长状况的照片并做好实验记录。

6. 收获

一般生长 7～8 周以后收获，收获后先称鲜重，然后烘干称干重。干样可以用于氮、磷、钾含量的测定。

五、结果计算

植株氮、磷、钾含量的计算方法参见本章实验 1、实验 2、实验 3。

六、实验报告与思考题

1. 实验报告

按照实际所做内容撰写。根据所做的具体实验内容填写不同作物缺素处理的外部症状及氮、磷、钾含量的变化简表（表 3–5）。部分作物氮、磷、钾缺乏症状如下：

植物缺氮、缺磷、缺钾的主要症状

（1）缺氮的主要症状　缺氮使蛋白质合成受阻、叶绿体结构破坏，叶绿素含量减少而使叶片泛黄；苗期小麦缺氮症状是老叶失绿干

表 3–5　不同作物缺素处理的外部症状及氮、磷、钾含量的变化简表

作物种类	缺素处理	缺素处理后植株形态、元素含量及生物量的变化				
		主要症状	氮、磷、钾含量的变化		生物量变化	
			全氮含量（%）（处理组）	全氮含量（%）（对照组）	鲜重 / 干重（g）（处理组）	鲜重 / 干重（g）（对照组）
	缺氮		全磷含量（%）（处理组）	全磷含量（%）（对照组）		
			全钾含量（%）（处理组）	全钾含量（%）（对照组）		
小麦		主要症状	氮、磷、钾含量的变化		生物量变化	
			全氮含量（%）（处理组）	全氮含量（%）（对照组）	鲜重 / 干重（g）（处理组）	鲜重 / 干重（g）（对照组）
	缺磷		全磷含量（%）（处理组）	全磷含量（%）（对照组）		
			全钾含量（%）（处理组）	全钾含量（%）（对照组）		

续表

<table>
<tr><td>作物种类</td><td>缺素处理</td><td colspan="5">缺素处理后植株形态、元素含量及生物量的变化</td></tr>
<tr><td rowspan="7">小麦</td><td rowspan="7">缺钾</td><td rowspan="7">主要症状</td><td colspan="2">氮、磷、钾含量的变化</td><td colspan="2">生物量变化</td></tr>
<tr><td>全氮含量（%）
（处理组）</td><td>全氮含量（%）
（对照组）</td><td>鲜重 / 干重（g）
（处理组）</td><td>鲜重 / 干重（g）
（对照组）</td></tr>
<tr><td></td><td></td><td rowspan="5"></td><td rowspan="5"></td></tr>
<tr><td>全磷含量（%）
（处理组）</td><td>全磷含量（%）
（对照组）</td></tr>
<tr><td></td><td></td></tr>
<tr><td>全钾含量（%）
（处理组）</td><td>全钾含量（%）
（对照组）</td></tr>
</table>

枯、长势较弱，若在后期继续缺氮，禾本科作物表现为穗短小、穗粒数少、籽粒干瘪；黄瓜苗缺氮叶片弱小失绿，植株矮小、长势较弱；其他植物缺氮后期植株下部的叶片先变黄，然后逐渐向上扩散。

（2）缺磷的主要症状　植物体内的磷多分布在生长旺盛的顶芽及根尖，在植物体内有很强的运转和分配能力，缺磷症状首先表现在老叶。一般缺磷叶片不容易出现斑点，典型症状是叶片柔弱、生育期延迟，玉米茎叶暗绿甚至呈紫蓝色斑点，茎秆紫色；小白菜缺磷，植株矮小发育迟缓。

（3）缺钾主要症状　植物缺钾的典型症状是叶尖边缘枯焦似灼烧状，叶片出现斑点，叶脉失绿，症状随生育期而加重、早衰。小麦缺钾症状表现为叶尖边缘枯焦，叶脉失绿。

2. 思考题

（1）分析作物缺素的症状特点及其原因。

（2）查阅文献，了解主要粮食作物的需肥（氮、磷、钾）规律。

数字课程学习

- 实验要点与注意事项
- 推荐阅读

第四篇　植物营养学技能提升型实验

第九章　根系活力与根系分泌物测定

实验 1　根系活力的测定——氯化三苯基四氮唑法

一、实验目的

根系既是植物吸收养分和水分的主要器官，又是氨基酸、激素等有机物合成与运输的重要部位。根系的形态和生理特征不仅影响植物对养分和水分的吸收，还影响地上部的生长发育以及产量和品质。一般来说，根系活力强、面积大有利于根系吸收更多的养分和水分，提高植物的抗逆性。因此，根系活力是用于表示根系生长发育和代谢强度的重要指标。研究根系活力对于了解根系对养分和水分的吸收能力，深刻理解植物对环境胁迫的适应性很有意义。

本次实验学习氯化三苯基四氮唑法定量测定根系活力的原理与方法，以期为提高体系活力及其环境适应性提供实验指导和理论依据。

二、实验原理

氯化三苯基四氮唑（TTC）是一种氧化还原色素，标准电位 80 mV，溶解在水中是无色溶液，被还原后生成红色的不溶于水的三苯基甲臜（TTF），TTF 性质稳定不易被氧化，被广泛应用于酶实验的氢受体。根系脱氢酶引起的 TTC 还原量可以由琥珀酸、延胡索酸、苹果酸的加入得到增强，被丙二酸、碘乙酸抑制。因此，TTC 还原量可以表示脱氢酶活性大小并作为衡量根系活力的指标。

三、实验材料、试剂与器具

1. 材料

水稻根系。

2. 试剂

（1）4 g/L TTC 溶液

准确称取 TTC 0.40 g，溶解在去离子水中，定容至 100 mL。

（2）0.067 mol/L 磷酸缓冲液（pH 7.0）

用分析天平称取 7.118 4 g $Na_2HPO_4 \cdot 2H_2O$、3.629 2 g KH_2PO_4，溶解于 500 mL 去离子水中，定容至 1 000 mL。

（3）1 mol/L H_2SO_4

量取浓 H_2SO_4（$\rho = 1.84$）55 mL，边搅拌边加入 500 mL 去离子水中，冷却后定容至 1 000 mL。

（4）其他试剂

连二亚硫酸钠（$Na_2S_2O_4$）粉末、乙酸乙酯。

3. 仪器

紫外－可见分光光度计、分析天平、恒温水浴锅。

4. 用具

石英砂、研钵、试管等。

四、实验步骤

根系先用去离子水洗净，吸干表面水分，称取 0.500 g 根尖，放入 10 mL 烧杯中，加入 4 g/L TTC 溶液和 0.067 mol/L 磷酸缓冲液的等体积混合液 10 mL，把根充分浸没在溶液中，在 37℃黑暗条件下保温 1 ~ 3 h，然后加入 1 mol/L H_2SO_4 2 mL 以终止反应。同时做对照组：取根尖 0.500 g，放入 10 mL 烧杯中，加入 1 mol/L H_2SO_4 2 mL，10 min 后加入 4 g/L TTC 溶液和磷酸缓冲液的等体积混合液 10 mL，在 37℃黑暗条件下保温 1 ~ 3 h。

取出根尖，加入 3 ~ 4 mL 乙酸乙酯、少量石英砂研磨，提取甲臜，将红色提取液转移至试管，用少量乙酸乙酯洗涤研钵 2 ~ 3 次，加入乙酸乙酯的总体积为 10 mL。在紫外－可见分光光度计上于 485 nm 处比色测定，根据标准曲线求出三苯基四氮唑的还原量（mg）。

TTC 标准曲线制作：取 4 g/L TTC 溶液 0.2 mL 于 10 mL 容量瓶中，加入少量 $Na_2S_2O_4$ 粉末摇匀后产生红色的甲臜，用乙酸乙酯定容、摇匀。分别取此溶液 0、0.25 mL、0.50 mL、1.00 mL、1.50 mL、2.00 mL 于 6 个 10 mL 容量瓶中，用乙酸乙酯定容，分别得到含三苯基甲臜 0、25 μg、50 μg、100 μg、150 μg、200 μg 的系列标准溶液。在紫外－可见分光光度计上于 485 nm 处测定吸光度，绘制标准曲线。

五、结果计算

根系活力按照以下公式计算：

$$\text{三苯基四氮唑的还原强度}\,[\text{mg/（g·h）}] = \frac{A}{m \times t}$$

式中，A 为三苯基四氮唑还原量（mg）；m 为根尖鲜重（g）；t 为反应时间（h）。

六、实验报告与思考题

1. 实验报告

按照实际所做内容撰写。

2. 思考题

（1）查阅文献，了解根系活力测定的其他方法。

（2）脱氢还原为中性反应，实验中如何控制反应的 pH？

（3）脱氢还原 TTC 反应为何要在黑暗处进行？

数字课程学习

- 实验要点与注意事项
- 推荐阅读

实验 2　根系阳离子交换量的测定——火焰光度计法

一、实验目的

根系是植物吸收养分的主要器官，根表的吸附性能直接影响根 - 土壤界面离子的动态平衡和养分的生物有效性。根表面大多带负电荷，电荷来源于细胞壁中的果胶和蛋白质等羧基的解离以及原生质膜产生的负电荷。因此，根表面可以形成双电层，其扩散层中的阳离子可以与土壤表面和土壤溶液中可交换的阳离子进行交换。

根系的阳离子交换性能可以用阳离子交换量来表示，阳离子交换量（cation exchange capacity，CEC）指根可交换阳离子的数量。根系 CEC 的大小主要取决于细胞壁中果胶带负电荷的游离羧基的数量，此外还与不同的植物种类、生理年龄和环境因素等有关。根系 CEC 与矿质养分的吸收密切相关，常用于表征根系对阳离子的潜在吸附能力。

本实验学习用火焰光度计法测定植物根系 CEC 的原理与方法，为深入理解植物对养分的吸收利用能力以及在生产中合理推荐施肥提供理论依据和实践指导。

二、实验原理

在中性 KCl 溶液中，根表吸附的可交换性阳离子 K^+ 被置换出来形成钾质根，根系所吸附的 K^+ 与置换出来的阳离子等量，洗去多余的 KCl 后用 HCl 把 K^+ 置换出来，置换出来的 K^+ 可以用火焰光度计测定，根据溶液中 K^+ 的含量计算阳离子交换量。

三、实验材料、试剂与器具

1. 材料

烘干磨细（过 20 目筛）的水稻根系。

2. 试剂

（1）0.01 mol/L HCl 溶液

吸取 1 mL 37.5% HCl 加去离子水稀释，定容至 1 000 mL。

（2）0.1 mol/L KCl 溶液（pH 7.0）

用分析天平称取 KCl 7.455 0 g，溶解在 900 mL 去离子水中，调节 pH 至 7.0，定容至 1 000 mL。

（3）30 g/L $AgNO_3$

称取 3 g $AgNO_3$ 于小烧杯中，加 100 mL 去离子水溶解，滴加几滴硝酸保存在棕色瓶中。

3. 仪器

火焰光度计、分析天平。

4. 用具

抽滤装置、漏斗等。

四、实验步骤

1. 钾质根的制备

取烘干磨细过 20 目筛的水稻根系 0.200 0 g 放入 500 mL 烧杯中，加几滴去离子水湿润，防止根系漂浮在液面之上。

加入 200 mL 0.1 mol/L KCl 溶液，搅拌 5 min，使根沉淀后抽滤。用去离子水连续淋洗根系，边淋洗边抽滤，直至滤液中没有 Cl^-（可用硝酸银检验）。

2. 用氢离子置换钾离子

把沉淀物和滤纸一起放入 250 mL 烧杯中，准确加入 200 mL 0.01 mol/L HCl 溶液，用氢离子置换钾离子，搅拌 5 min。

3. 测定置换的钾离子

将上述溶液用普通漏斗过滤，取 30 mL 滤液用火焰光度计测定钾离子。钾离子的测定方法参见本书第八章“实验 3 植物全钾的测定——H_2SO_4–H_2O_2 消解 – 火焰光度计法”。

五、结果计算

$$\mathrm{CEC}=\frac{c\times V\times 10^{-3}}{m}\times 10^{3}\times 10^{2}$$

式中，CEC 为阳离子交换量（cmol/kg）；c 为钾离子浓度（mol/L）；V 为待测液体积（mL）；m 为根系质量（g）；10^{-3}、10^{3}、10^{2} 分别为将 mL 换算成 L、g 换算成 kg、mol 换算成 cmol 的因数。

六、实验报告与思考题

1. 实验报告

按照实际所做内容撰写。

2. 思考题

（1）测定根系阳离子交换量为何要用干样？影响根系根系阳离子交换量的因素有哪些？

（2）查阅文献，了解测定根系阳离子交换量的方法还有哪些。

数字课程学习

- 实验要点与注意事项
- 推荐阅读

实验 3　根系分泌物中有机酸的收集与测定

实验 3-1　西瓜根系分泌物的收集与有机酸测定

一、实验目的

根系分泌物是指根系向生长基质中释放的有机物的总称，主要包括低分子量有机可溶物、高分子量黏液物质以及细胞和组织脱落物。它是植物与根际微域环境进行物质、能量和信息交换的媒介。根系分泌物一方面可以促进土壤胶体表面对难溶养分的溶解和根系对养分的吸收，提高养分有效性；另一方面，根系的养分状况也会影响根系的分泌作用，从而影响植物的生长与代谢。

根系的分泌作用是植物响应逆境胁迫的重要方式之一，根系分泌的有机酸可以缓解有机、无机污染物对植物的毒害。比如铝毒可以诱导植物分泌草酸、柠檬酸、苹果酸，通过铝螯合来缓解毒害；缺磷可以诱导根系分泌有机酸，增加难溶性磷的释放，改善磷营养。本实验以西瓜为材料，学习基质培养收集根系分泌物的方法以及利用高效液相色谱测定根系分泌物中有机酸的方法，为研究根系分泌物的特性及其响应逆境胁迫的机制提供理论依据和技术指导。

二、实验原理

根系分泌物中的有机酸为阴离子化合物，可以利用阴离子树脂的吸附作用收集和浓缩，吸附在阴离子树脂上的有机酸经过洗脱，在减压条件下进一步浓缩，浓缩后的有机酸通过高效液相色谱（HPLC）进行分离和测定。

通常采用高效液相色谱进行根系分泌物组分的定性和定量分析。HPLC 对物质的分离是基于样品在流动相和固定相之间进行的连续多次交换过程，样品在两相之间因分配系数、亲和力和吸附力的不同而实现分离。

三、实验材料、试剂与器具

1. 材料

西瓜苗。

2. 试剂

（1）有机酸标准品

草酸、苹果酸、柠檬酸、丁二酸、富马酸标准品。

（2）100 mg/L 苹果酸标准溶液

用分析天平准确称取 0.100 0 g 苹果酸，溶解于超纯水中，定容至 1 000 mL，然后过 0.45 μm 微孔滤膜，冰箱保存。

（3）霍格兰营养液

（4）其他试剂

20 g/L NaClO 溶液、5 mmol/L H_2SO_4、甲醇（色谱纯）。

3. 仪器

安捷伦高效液相色谱仪、分析天平、RE-52A 旋转蒸发仪、超低温冰箱。

4. 用具

塑料桶、三角瓶、珍珠岩、蛭石、微孔滤膜、C18 反向层析柱、XAD-4 树脂。

四、实验步骤

1. 西瓜幼苗培养

西瓜种子用 20 g/L NaClO 溶液消毒 5 min，用双蒸水洗净后播种在灭菌过的珍珠岩里发芽。两周后待第一片真叶长出开始移栽，栽培用容积约 700 mL 的塑料桶，以灭菌的蛭石、珍珠岩（两者用量为 1∶1）为培养基质，每盆两株苗，每 2 d 浇灌霍格兰营养液，在温室培养 30 d 后收获，温室温度 32 ± 2℃，光周期为 16 h 光照、8 h 黑暗。

2. 根系分泌物的收集与样品制备

从塑料盆中轻轻取出西瓜苗，用无菌去离子水小心清洗根系，3 棵苗为一组放入 1 L 的三角瓶内，加入无菌水淹没根系，准备 3 ~ 4 组。在 32 ± 2℃、光周期光照 16 h/ 黑暗 8 h 条件下培养 1 d，移走西瓜苗，收集根系分泌物。用吸水纸吸干根系表面的水分，剪下根系称重。

取三角瓶内的水（1 L），加入 10 mL XAD–4 树脂，通过 C18 反向层析柱收集。收集到的化合物用 200 mL 甲醇（色谱纯）溶解，在 40℃条件下旋转蒸发（RE–52A 旋转蒸发仪）至 1 mL，保存在 –80℃冰箱备用。

3. 高效液相色谱测定有机酸

HPLC 的色谱柱 XDB–C18（4.6 mm × 250 mm），流动相为 5 mmol/L H_2SO_4（A）、甲醇（B），梯度洗脱程序为：0 min，95% A + 5% B 流速 0.4 mL/min；10 min，90% A + 10% B 流速 0.4 mL/min；15 min，90% A + 10% B 流速 0.4 mL/min；16 min，90% A + 10% B 流速 0.5 mL/min；20 min，90% A + 10% B 流速 0.5 mL/min。紫外检测器波长 210 nm。分别得到标准品、混合标准品、样品的色谱图。化合物的组分根据与标准品的保留时间和峰面积比较而确定。

4. 有机酸标准曲线制作

分别吸取 100 mg/L 苹果酸标准溶液 0、5 mL、10 mL、15 mL、20 mL、25 mL，用超纯水分别定容至 50 mL，即为 0、10 mg/L、20 mg/L、30 mg/L、40 mg/L、50 mg/L 的系列标准溶液，过 0.45 μm 微孔滤膜后备用，其他有机酸标准曲线制作与测定与苹果酸相同。

五、结果计算

$$\omega = 1\,000 \times \frac{m_1}{M \times t \times m_2}$$

式中，ω 为单位时间单位鲜重根系分泌有机酸的量［μmol/（g · h）］；m_1 为测定溶液中有机酸的质量（mg）；M 为有机酸的摩尔质量（g/mol）；t 为处理时间（24 h）；m 为根系鲜重（g）。

六、实验报告与思考题

1. 实验报告

按照实际所做内容撰写。西瓜根系分泌物中有机酸的组成为草酸、苹果酸、柠檬酸、丁二酸、富马酸，各有机酸的色谱图如图 4–1 所示。

2. 思考题

（1）本次实验有机酸的测定误差有哪些？哪些方法可以减小误差？

（2）查阅文献，了解根系分泌有机酸的收集与测定方法还有哪些。

（3）查阅文献，了解根系分泌有机酸在作物抗病方面的作用机制。

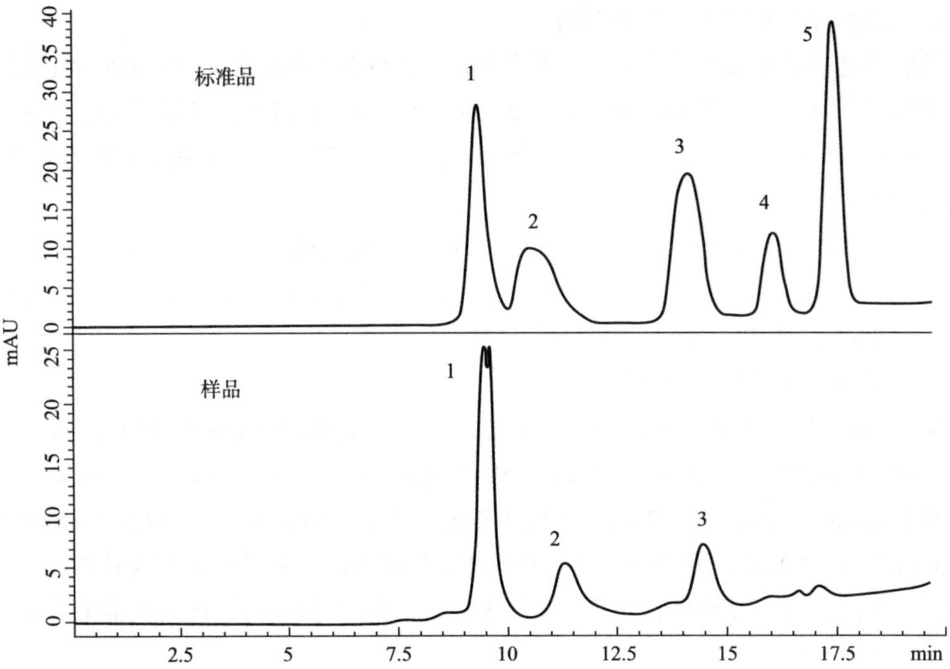

图 4-1 有机酸标准品和西瓜根系分泌物有机酸的色谱图（引自：Ling *et al*，2011）

1. 草酸；2. 苹果酸；3. 柠檬酸；4. 丁二酸；5. 富马酸

实验 3-2 缺磷对水稻根系分泌有机酸的影响

一、实验目的

学习并掌握利用溶液培养收集水稻根系分泌物的方法，以及利用高效液相色谱测定水稻根系常见小分子量有机酸（草酸、酒石酸、苹果酸、柠檬酸、乙酸、丙二酸、丁二酸等）的方法；了解缺磷对水稻根系分泌有机酸的影响，深刻理解水稻适应磷营养胁迫的生理机制。

二、实验原理

植物根系的生长介质不同，收集根系分泌物的方法也不同。在营养液培养条件下，从溶液中收集根系分泌物是比较简单常用的办法。该方法是将植物经过磷营养胁迫或其他实验处理以后转移到收集溶液中，培养一段时间后移走根系，对收集溶液进行浓缩，提取其中的根系分泌物。常用的收集溶液有蒸馏水、简单钙 - 硼溶液或特定溶液。根系分泌物组分的定性和定量分析通常采用 HPLC 技术。HPLC 的分离原理参见“实验 3-1 西瓜根系分泌物的收集与有机酸测定”。

三、实验材料、试剂与器具

1. 材料

水稻幼苗。

2. 试剂

国际水稻所营养液（配方见本书第四章“第二节　溶液培养”）、0.1 mmol/L NaOH、磷酸二氢钾、甲醇（色谱级）；草酸、酒石酸、苹果酸、柠檬酸、乙酸、丙二酸、丁二酸标准品。有机酸标准曲线的配制参见本章“实验 3-1　西瓜根系分泌物的收集与有机酸测定”。

3. 仪器

光照培养箱、安捷伦高效液相色谱仪、冷冻干燥机、旋转蒸发仪。

4. 用具

滤膜、广口瓶等。

四、实验步骤

（一）水稻育苗与实验处理

水稻用国际水稻所营养液培养。每天用 0.1 mol/L NaOH 调营养液 pH 至 5.5，营养液每 2 d 更换一次。水稻培养条件为光照 12 h（30℃）/ 黑暗 12 h（24℃），相对湿度保持在 60%。水稻移栽 14 d 后进行处理，实验设缺磷处理（不含磷，其他元素含量不变）和供磷对照（磷浓度为 150 μmol/L），缺磷 2 d 以后开始收集根系分泌物。

（二）水稻根系分泌物的收集与测定

1. 水稻根系分泌物的收集与样品制备

采用蒸馏水培养收集水稻苗根系分泌物。收集前，用去离子水反复冲洗水稻根部，用滤纸吸干根部表面水分，将水稻转移至装有 500 mL 灭菌蒸馏水的棕色磨砂广口瓶中，每个瓶中插入 4 株长势一致的水稻植株。瓶的外壁用锡纸和牛皮纸包住，于光照下收集 12 h，然后在 40℃下真空旋转蒸发浓缩至 50 mL，过 0.45 μm 微孔滤膜，-20℃保存备用。对于收获的水稻，吸干根表面的水分，剪下根系称重。

2. 小分子量有机酸的测定

用安捷伦高效液相色谱仪测定草酸、酒石酸、苹果酸、柠檬酸、乙酸、丙二酸、丁二酸。检测条件为：色谱柱 TC-C18（4.6 mm × 250 mm，5 μm），柱温 25℃，检测波长 210 nm，流动相采用磷酸二氢钾和甲醇混合液（体积比 97 : 3），pH 为 2.8，流速为 0.8 mL/min，进样量为 20 μL。

五、结果计算

$$\omega = 1\,000 \times \frac{m_1}{M \times t \times m_2}$$

式中，ω 为单位时间单位鲜重根系分泌有机酸的量［μmol/（g·h）］；m_1 为测定溶液中有机酸的质量（mg）；M 为有机酸的摩尔质量（g/mol）；t 为处理时间（12 h）；m_2 为根系鲜重（g）。

六、实验报告与思考题

1. 实验报告

按照实际所做内容撰写。

2. 思考题

（1）缺磷对水稻根系分泌有机酸的种类和含量有哪些影响?

（2）查阅文献，了解根系分泌物收集的其他方法。

数字课程学习

- 实验要点与注意事项
- 推荐阅读

第十章　根系离子流微电极测定技术

实验 1　硝酸根离子跨膜运输虚拟仿真实验

一、实验目的

微电极是进行细胞内记录的有效方法之一。用微电极进行细胞内离子的测定不仅可以研究细胞内养分的区域化，而且可以为研究养分离子跨膜运输的机制提供技术支撑和科学依据。

本实验以实验室实验结合虚拟仿真实验，学习单阻微电极测定细胞膜电位的方法以及双阻离子选择微电极原位同时测定细胞内离子活度和细胞膜电位的原理与步骤。

二、实验原理

细胞膜上的质子泵通过水解释放质子产生了跨膜的电位差，同时由于细胞膜对离子的选择通透性而产生了细胞膜内外的离子浓度梯度，这两者共同形成了膜两侧的电位差，称为膜电位。细胞膜电位可以通过单阻微电极测得。细胞液、微电极中所充灌的 KCl 溶液、AgCl 和金属 Ag 组成如下原电池：

（–）Ag | AgCl（s）| KCl（0.1 mmol/L）| 待测试液 | Ag^+ | Ag（+）

对于双阻微电极而言，当电极插入细胞后，细胞液、硝酸盐敏感膜和微电极中所充灌的溶液形成如下原电池：

（–）Ag | AgCl（s）| KCl（0.1 mmol/L）+ KNO_3（0.1 mmol/L）| 敏感膜 | | 待测试液 | Ag^+ | Ag（+）

微电极中所灌溶液的离子浓度和细胞中离子的浓度存在着浓度差，会产生离子及其所带电荷的移动，并且硝酸盐敏感剂对硝酸根有专一的选择通透性，只允许细胞内的硝酸根离子专一地穿过硝酸盐敏感膜，因此在基准细胞膜电位（$\Delta\Psi_m$）的基础上加上了由于硝酸根离子移动产生的膜电位（$\Delta\Psi_n$）。从 $\Delta\Psi_n$ 中除去细胞膜的基准电位（$\Delta\Psi_m$），用所得到的硝酸根离子跨膜所产生的膜电位（$\Delta\Psi_{NO_3^-}$）和硝酸根离子活度的对数（$-\lg a_{NO_3^-}$）作图，曲线如图 4–2 所示，离子的活度最终可以通过修正后的能斯特方程计算得出：

$$\mathrm{EMF} = E + S \times \lg[\,a_i + Kij^{pot} \times (a_j)^{z_i/z_j}\,]$$

式中，EMF 表示电动势，E 表示微电极参比电位；S 表示电位差对 $-\lg(a_{NO_3^-})$ 作图所得曲线的斜率，即标定溶液中硝酸盐活度每改变一个数量级所产生的电位的差值；K_{ij} 表示微电极对干扰离子的选择系数。a_j 为待测液中主要离子（i）或主要干扰离子（j）的活度；z_i、z_j 是主要离子或者干扰离子的化学价。

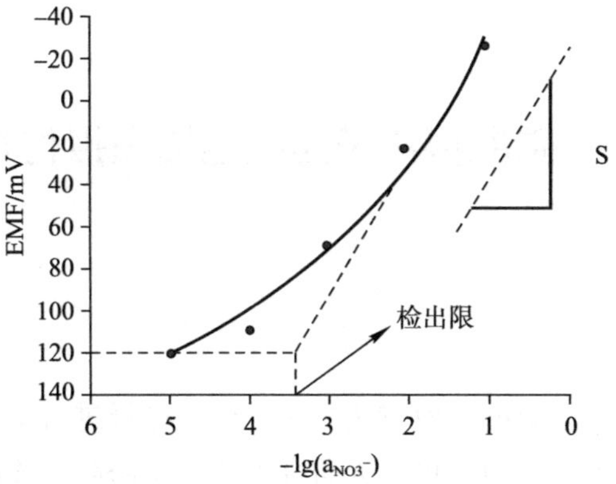

图 4-2　硝酸根离子电极的标定曲线

三、实验材料、试剂与器具

1. 材料

两叶一心水稻幼苗。

2. 试剂

（1）硝酸盐敏感剂

0.1 g 硝酸盐敏感剂的组成如表 4-1 所示。实验时应确保硝酸盐敏感剂各成分质量的精确性，以免影响电极对待测离子的选择性和敏感性。

用 0.000 1 g 的分析天平依次精确称取以上成分，然后准确加入 0.45 mL 四氢呋喃使之完全溶解。配制好的硝酸盐敏感剂应封存在玻璃干燥器中，第一次使用之前充分摇

表 4-1　0.1 g 硝酸盐敏感剂的配方

试剂	质量 /g
甲基 -*N*,*N*,*N*- 三十二烷基硝酸盐	0.006 0
溴化甲基 - 三苯基磷酸铵	0.001 0
2- 硝基苯基 - 辛烷基乙醚	0.065 0
聚乙烯（PVC）	0.023 0
硝化纤维素	0.005 0

匀。四氢呋喃会溶解塑料，因此配制硝酸盐敏感剂时避免使用塑料制品。

（2）缓冲液

缓冲液组成为 5 mmol/L MES + 0.5 mmol/L $CaCl_2$ + 0.05 mmol/L KCl，pH 5.94。

（3）其他试剂

0.1 mmol/L KCl 溶液、100 mmol/L KCl 溶液、100 mmol/L KNO_3 溶液、2% 二甲基二氯硅烷。

3. 仪器

显微镜、微操纵仪、拉针仪（PE–21 型）、信号放大仪（WPI FD223）、分析天平、玻璃干燥器。

4. 用具

单阻 / 双阻玻璃毛细管、毛细管微注射器、注射器、玻璃槽。

四、实验步骤

（一）单电极的制作（实验室操作 + 虚拟仿真实验操作）

本次虚拟仿真实验可以登录江苏省高等学校虚拟仿真实验教学平台，进入“植物养分吸收与缺素症状诊断虚拟仿真实验”进行学习）

虚拟仿真实验教学相关网络要求

1. 毛细管的安装

将玻璃毛细管（长 7 ~ 8 cm）固定于拉针仪上，使其穿过并位于加热线圈的正中心，毛细管的上、下两端分别固定在拉针仪的两个轴内，安装制作如图 4–3 所示。

2. 拉针仪工作参数设定

拉针仪构造如图 4–3A 所示，它由下部的支撑底座和上部的线圈加热管构成，支撑底座上有可以调节加热温度及线圈磁力强度的旋钮。制作单电极时一般调整加热线圈温度为 59.5℃，调节拉针仪 Sub Magnet 在 2 或 3 档。打开拉针仪开关，点击“开始”键，加热线圈变红，一般几十秒微电极就会从中间断裂，拉针仪的下轴凭借其自身的重力下落，同时加热线圈停止加热，微电极制作完成。一根毛细管可以做成两根玻璃电极，做好的毛坯电极用橡皮泥固定在玻璃干燥器内备用。一根质量较好的单阻微电极的尖端直径为 0.5 ~ 0.7 μm。当制作双电极时，在双阻毛细管被加热的同时上部轴承旋转，双阻毛细管在中间受热部分扭成麻花状，轴承旋转结束双阻毛细管在重力作用下断裂成两根双阻微电极（图 4–3B，C）。一根质量较好的双阻微电极的尖端直径为 0.8 ~ 1 μm。

（二）显微微操作及硝酸根离子跨膜运输的细胞膜电位测定（实验室操作 + 虚拟仿真实验操作）

1. 信号线路检查

调整微操纵仪在适合的位置，检查信号线、连接信号线与信号放大器。

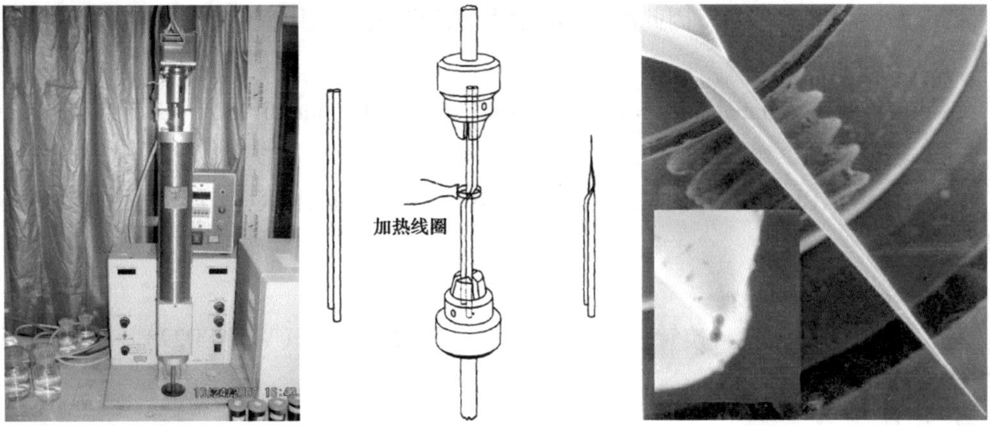

图 4–3 拉针仪构造及电极示意图

A. 拉针仪构造 B. 双电极的安装及制作 C. 电极尖端放大

2. 电极的安装与电路形成

将 0.1 mmol/L KCl 溶液用毛细管微注射器注入单阻电极内，单阻电极安装在信号线一端的玻璃半电池内，信号线另一端与信号放大器连接。

选择健康幼嫩的水稻，把根固定在透明玻璃槽内（体积约 2 mL），加满缓冲液后静置 5 ~ 10 min，调节显微镜光源不要太亮也不要太暗，以显微镜视野内可以看清玻璃槽内的根为宜。调节微操纵仪旋钮使电极与根垂直但不在一个平面，与固定根的玻璃槽平面呈约 60°，再调节微操纵仪旋钮使电极的尖端最大程度接近根表并使电极的尖端轻微触及玻璃槽内的缓冲液；打开信号放大器电源、打开操作软件，接通电路，在操作界面可见微小的电压波动，表明电路已经接通。调节信号放大器的调零旋钮调节初始电压为 0 mV。

3. 电极在根表与根内的定位

待基线走势平稳以后，在显微镜下借助微操纵仪小心地将电极尖端靠近根表并轻轻推动微操纵仪的微调旋钮，电极尖端一般即可插入根皮层细胞，这时可见初始电压瞬间变为一个负值，此时检测到的电压即为细胞膜的静息电位，一个比较理想的细胞膜静息电位数值一般在 –60 mV 以上（或者更负）。就水稻而言，一般会根据膜电位的数值判断电极在表皮细胞（膜电位一般在 –50 ~ –20 mV）还是皮层细胞（膜电位一般比 –60 mV 更负），还是在液泡内（液泡膜的膜电位一般在 –100 mV 左右甚至更负）。要精确判断电极在细胞内的定位需要用双阻电极测定的数值判断，即一个电极测定细胞膜电位，另一个电极测定细胞内的离子活度，根据测定的离子活度判断电极是在细胞质还是在液泡内。

4. 硝酸根跨膜运输的细胞膜电位测定

当静息电位数值稳定以后，缓慢调节输液管［输液管事先加满 0.5 mmol/L $Ca(NO_3)_2$］

的流速到最小，一般以输液管的针尖可以滴出最小的液滴为宜，当玻璃槽内的根吸收了硝酸根以后，在显示屏上可见电压的变化，此时电压的变化是由于硝酸根离子进入细胞引起的膜电位变化。根系吸收硝酸根以后膜电位表现为去极化即膜电位负值更大，当这个数值达到最高峰表明根系对硝酸根的吸收速率达到最大，此时膜电位的变化是由于由硝酸根的跨膜运输而引起，随后膜电位慢慢回到处理前的水平并逐渐趋于平稳，这时硝酸根的吸收过程结束，细胞膜内外的离子达到电化学平衡状态。

（三）双阻硝酸根离子选择微电极的制作

1. 双阻微电极的制作

通过设置拉针仪的加热温度、亚磁力、磁力和旋转时间使双阻玻璃管拉制成理想的微电极。所使用的双阻玻璃管由管径不同的两根单阻玻璃管粘合而成，其管径分别为0.8 mm、0.5 mm 和 0.3 mm，理想的微电极针尖直径为 0.8 ~ 1 μm。

2. 微电极的硅化

在通风橱中，将拉制好的双阻玻璃管置于 140℃下烘烤 30 ~ 60 min，除去残存在玻璃管内的水蒸气和杂质，用 1 mL 注射器在双阻破璃管粗管的尾部滴入 1 ~ 2 滴的 2%二甲基二氯硅烷进行硅化，使二甲基二氯硅烷的蒸汽进入玻璃管的尖部，在粗管尖部形成一层疏水层，以利于硝酸盐敏感膜的形成。硅化后，在 140℃下继续烘烤 1 ~ 1.5 h，使过量的二甲基二氯硅烷蒸发掉。然后，将硝酸盐敏感剂灌入双阻玻璃管的粗管中，放入干燥的密闭容器中保存 48 h 以上以使多余的四氢呋喃蒸发。

3. 微电极的冲灌

制备好的双阻硝酸盐选择性微电极，用 1 mL 注射器在双阻玻璃管的细管中注入 100 mmol/L KCl 溶液，在粗管中注入 100 mmol/L KCl 和 100 mmol/L KNO_3 的混合溶液。

4. 标定

在使用双阻硝酸根离子选择性电极进行细胞内测定之前应该对电极进行标定，标定溶液的组成如表 4–2 所示，测定之后还需对电极进行重新标定。

表 4–2　硝酸根离子选择电极标定溶液的组成

硝酸根活度 /（mmol · L^{-1}）	$-\lg(a_{NO_3^-})$	HEPES/（mmol · L^{-1}）	KNO_3/（mmol · L^{-1}）	K_2HPO_4/（mmol · L^{-1}）
100	1.0	5.0	130.0	15.0
10	2.0	5.0	12.2	46.5
1	3.0	5.0	1.22	50.0
0.1	4.0	5.0	0.122	50.0
0.01	5.0	5.0	0.012 2	50.0

（四）根与叶片的固定以及电极在细胞内的测定

微电极测定水稻根系膜电位的流程如图 4–4 所示，根被固定在 4 cm × 1 cm × 0.1 cm

的盛有缓冲液的有机玻璃槽中，再用 0.1 cm 的小薄片固定根，以防止根发生移动。与根相比，由于叶片较薄，所测得的电位更容易产生较大幅度的变动。本实验室在测定根的装置的基础上进行了改进，设计了测定叶片膜电位的装置，将叶片固定在 1 cm × 4 cm × 1 cm 的有机玻璃斜面上，在测定时使微电极和叶片之间的夹角约为 60°，角度过大或过小都容易损坏微电极的尖部（图 4–5）。

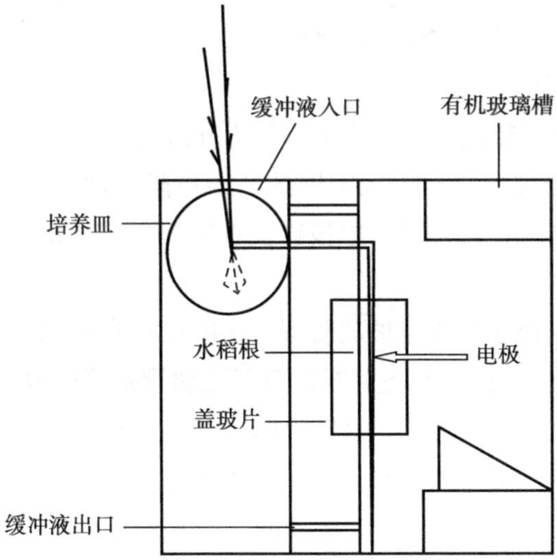

图 4–4　微电极测定水稻根系膜电位的流程示意图

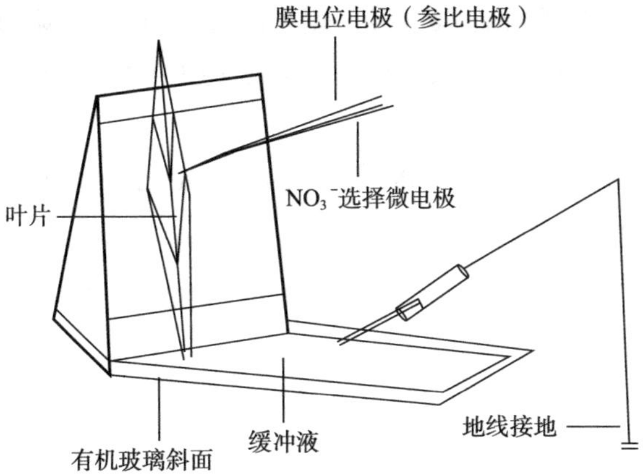

图 4–5　NO_3^- 双阻离子选择微电极测定水稻叶片示意图

五、结果计算

计算硝酸根浓度的参数 P_1、P_2、P_3 用 VISER 软件计算得到，根据公式 $E = P_1 - P_2 \times [-\lg(a_{NO3^-})] + P_3$ 所记录的数据用 Sigmaplot 绘图软件作图。式中，P_1 为微电极参比电位；P_2 为电位差对 $-\lg(a_{NO3^-})$ 作图所得曲线的斜率，P_3 为选择性离子微电极的检出限浓度。软件计算得到三个参数 P_1、P_2、P_3。理想的 P_2 在 48 ~ 55 mV，$P_3 < 1 \times 10^{-3}$。

六、实验报告与思考题

1. 实验报告

按照实际所做内容撰写。

2. 思考题

（1）本次实验细胞膜电位的变化是由于根系吸收了哪些离子？

（2）测定细胞内离子活度的方法还有哪些？

数字课程学习

- 实验要点与注意事项
- 推荐阅读

实验 2　根表离子流测定的非损伤微测技术

一、实验目的

非损伤微测技术（non-invasive micro-test technology，NMT），又称为微电极离子流技术（microelectrode ion flux estimation technology，MIFE），可用于获取活体样品的离子流信息，能够进行原位、实时、动态的测量，具有较高的空间分辨率和离子流速测量精度。目前该技术可用于测定 H^+、K^+、Na^+、NH_4^+、Ca^{2+}、Mg^{2+}、Cd^{2+}、Cu^{2+}、Pb^{2+}、NO_3^-、Cl^- 等离子和 O_2、H_2O_2、IAA 等分子的流速信息，因而在植物营养生理研究领域得到了快速的发展和应用。

本实验学习微电极离子流技术的原理和特点，熟悉离子选择性玻璃微电极的制作和校正方法；熟悉植物样品的固定、离子流测定、数据采集和处理等操作步骤，深刻理解非损伤微测技术在植物营养生理研究中的应用。

二、实验原理

离子选择性微电极由玻璃针、液态离子交换剂（liquid ion exchanger，LIX）、电解质溶液、Ag/AgCl 导线等组成。微电极经校正后可获得电势差（E）- 离子浓度（C）的关系曲线：

$$E = E_0 + S \times \lg\alpha$$

$$S = 2.303 \times \frac{\mathrm{R}T}{n\mathrm{F}}$$

式中，E 为微电极测得的电势差（mV）；E_0 为参比电极电势差（mV）；S 为能斯特斜率，在 25 ℃条件下，一价阳离子的 S 为 59.2mV/decade；α 为待测离子浓度（mmol/L）；R 为摩尔气体常数，8.314 J/（K · mol）；T 为热力学温度（K）；n 为待测离子的电荷数；F 为法拉第常数，96 485 C/mol。

当离子选择性微电极在垂直于生物样品表面、相距一定距离的两点之间反复移动时（图 4–6），获得两点之间的电势差 ΔE，可根据 E—lg$C$ 校正曲线计算出两点之间的浓度差。NMT 技术即采用离子选择性微电极，通过能斯特方程和 Fick's 第一扩散定律来获得两点之间离子或分子的浓度和流速，两点之间的特定离子流动速度由下列公式计算：

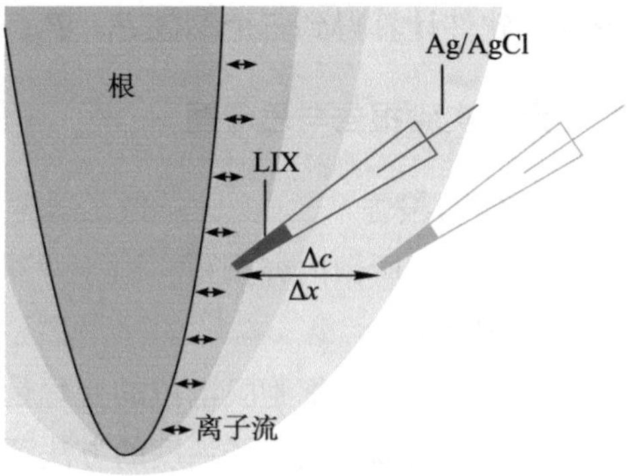

图 4–6　非损伤微测技术测定根尖离子流示意图

$$J = -D \times \frac{\Delta c}{\Delta x} \times 10^{10}$$

式中，J 为离子流速［pmol/（cm^2 · s）］；D 为待测离子的扩散系数（cm^2/s）；Δc 为两个测量点的离子浓度差（mmol/L）；Δx 为两个测量点之间的距离（μm）；10^{10} 为单位换算系数。

三、实验材料、试剂与器具

1. 材料

水稻幼苗。

2. 试剂

（1）钙离子 LIX

组成为 10.0% 钙离子载体Ⅰ、89.0% 2- 硝基苯辛醚、1.0% 四苯硼钠。钙离子载体Ⅰ，又名 ETH 1001，即(–)–(R,R)–*N*,*N*′– 二 –［11–(乙氧羰基)十一烷基］–*N*,*N*′,4,5- 四甲基 –3,6- 二氧杂辛烷 – 二酰胺。此试剂可自行配制，也可直接购买商品化的混合物。

（2）钙离子灌充液

100 mmol/L $CaCl_2$。

（3）校正液 1（0.50 mmol/L）

校正液 1 的组成为 0.50 mmol/L $CaCl_2$、0.10 mmol/L KCl、0.30 mmol/L MES，pH 6.0。

（4）校正液 2（0.05 mmol/L）

校正液 2 的组成为 0.05 mmol/L $CaCl_2$、0.10 mmol/L KCl、0.30 mmol/L MES，pH 6.0。

（5）测试液（0.20 mmol/L）

测试液的组成为 0.20 mmol/L $CaCl_2$、0.10 mmol/L KCl、0.30 mmol/L MES，pH 6.0。

（6）3 mol/L KCl

3. 仪器

非损伤微测系统、微电极拉制仪、显微镜、三维操纵仪。

4. 用具

微电极专用玻璃管或玻璃针、注射器、信号处理器、电极夹持器。

四、实验步骤

（一）离子选择性微电极的制作

1. 玻璃微电极的拉制和硅烷化

用于制作微电极的玻璃针尖端开口直径 3 ~ 4 μm，可利用微电极拉制仪进行制作，在灌充钙离子 LIX 之前应对其内壁进行硅烷化。也可购买已硅烷化的微电极专用玻璃针直接使用。

2. 灌充钙离子 LIX

取一支玻璃针（尖端开口直径 10 μm，内壁不需硅烷化），尖端蘸取少量钙离子 LIX 后，固定在一夹持器上并安装于显微镜左侧的三维操纵仪上，调节操纵仪使玻璃针尖端在显微镜视野中清晰，轻推与夹持器连接的注射器，使 LIX 在玻璃针尖端形成凸液面，微调微操纵仪使凸液面的顶端清晰。取一支微电极测定用玻璃针，用微量注射器从玻璃针尾部灌入电解质溶液（约 1 cm 长的连续液柱），用电极夹持器固定后置于显微镜载物台上（靠右侧），调节显微镜使其尖端清晰呈现在视野中，轻推与电极夹持器连接的注射器，使钙离子灌充液充满微电极尖端。向左慢慢移动载物台，使得微电极测定用玻璃针尖端与 LIX 的凸液面相接触（图 4–7），通过推拉注射器调整吸入的 LIX 长度，将吸入的 LIX 长度调整为 40 ~ 50 μm。向右移动载物台，使微电极与 LIX 凸液面分开，并从夹持器上取下微电极。

3. 微电极的安装

从微电极尾端插入氯化好的银丝，并使银丝尖端浸入钙离子灌充液中。将组装好的微电极连接到非损伤微测系统的前置放大器上。

4. 离子选择性微电极的校正

将盛有校正液 1 的塑料培养皿放到屏蔽罩内的显微镜载物台上，调节三维微操纵仪使微电极尖端浸入校正液 1 中，参比电极尖

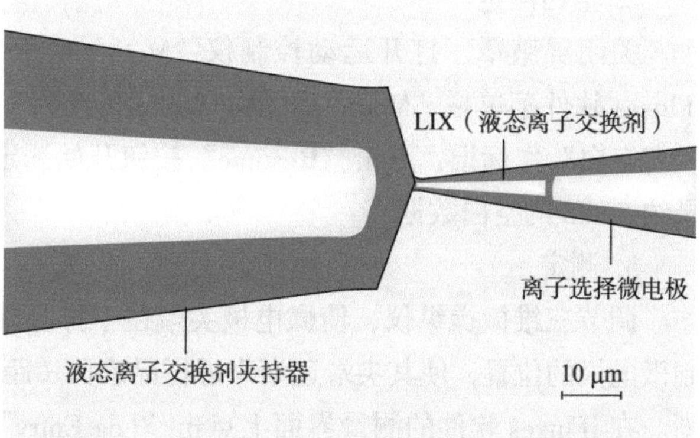

图 4–7　利用 LIX 电极夹持器向微电极尖端灌充 LIX

端经润洗、擦干后也一并浸入其中，打开信号处理器的电源开关。在电脑上启动 iFluxes 软件，新建 vpo 文件，点击菜单栏“Technique”下的“ISP–PVP”，选择合适的采样规则（一般取“X–30”，即水平方向移动 30 μm），点击“Technique”下的“Calibration”进入校正界面，选择“Nernst Slope”，输入校正液 1 的浓度值（mmol/L），点击“Solution 1”，待测定值稳定后再次点击“Solution 1”。采用同样的方法，读取校正液 2 的电势差值。此时界面上显示微电极校正参数“Nernst slope（斜率）”和“Intercept（截距）”，点击“OK”保存此校正结果。

（二）样品测定

1. 根系固定及观察

在培养皿中加入适量的测试液，借助于滤纸片和树脂块等将植物根系固定于培养皿中（图 4–8A）。将培养皿置于显微镜载物台上，打开显微成像系统，调节显微镜使样品出现在视野稍偏左的位置。

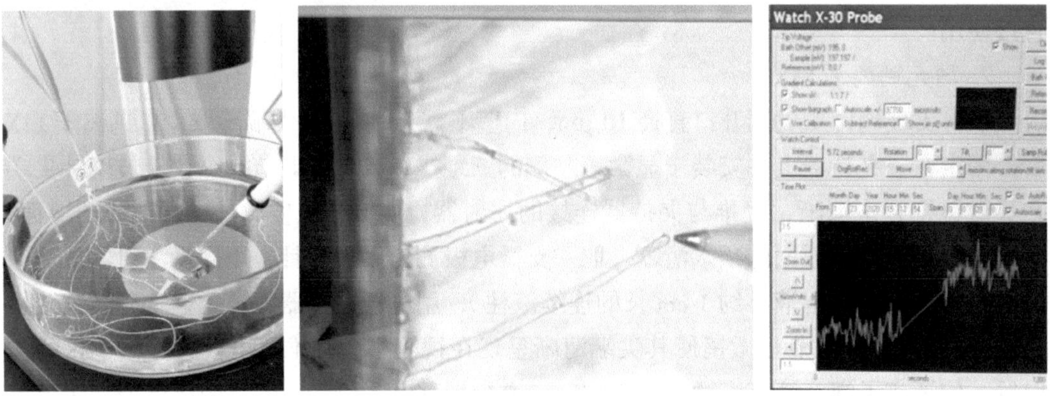

A B C

图 4–8 样品固定及离子流测定

A. 样品固定 B. 离子流测定 C. iFluxes 的测量界面

2. 空白测定

关闭屏蔽罩，打开运动控制仪“Motion Control”上的电源开关和运动开关。点击 iFluxes 软件菜单栏“Mode”下的“Watch”选项，在弹出的界面中点击“Log Entry”输入“空白”作标记，点击“Resume”按钮开始测定，待测定值稳定后点击“Record”记录约 5 min 的空白数据。

3. 测定

调节三维微操纵仪，使微电极尖端位于样品附近且成像清晰（图 4–8B）。用键盘控制微电极的位置，使其尖端逐渐靠近样品表面（距离样品表面 2 ~ 5 μm），且两者成像清晰。在 iFluxes 软件的测量界面上点击“Log Entry”，输入样品名、处理、测定位置等信息，点击“Resume”按钮开始测定，待测定值稳定后点击“Record”记录约 5 min 的样品测定数据（图 4–8C）。

在测定过程中，可采用视频采集系统（PHIMAS2008）截取样品图像，采用 Paint Shop Pro4 软件截取数据记录曲线图。之后，可移动微电极至新的测量位置，或对样品瞬时处理一段时间后，继续测定离子流。

4. 微电极再校正

样品测量结束后，需对微电极进行再校正，方法同前。

5. 结束测定

结束测量时在 iFluxes 软件的测量界面上依次点击“Pause”“Close”按钮，并保存测定数据，同时可通过菜单栏“Analysis”下的“Text Export”选项将测定数据转为 .txt 文件。取下微电极和电极夹持器，拔出电极微电极放入废弃罐中。取出参比电极，用纯水冲洗尖部后浸泡于 3 mol/L KCl 中保存。关闭信号处理器、运动控制器、显微镜、电脑、稳压器等设备的电源，盖好防尘罩。

五、结果计算

用 Excel 软件打开 *.txt 文件，拷贝微电极校正参数（能斯特斜率和截距）和样品测定数据（电势差 ΔE）至“流速换算表”中，并输入测定离子种类、扩散系数 D、微电极移动距离 Δx 等参数，即可计算出离子流速 J。

六、实验报告与思考题

1. 实验报告

按照实际所做内容撰写。

2. 思考题

（1）在样品测定结束后，为何需要对微电极进行再校正？

（2）在 NMT 测定根尖表面的离子流速时，测试液的离子组成和 pH 是否会发生变化？

（3）查阅文献，举例（2 ~ 3 个）说明非损伤微测技术在植物营养研究中的应用。

数字课程学习

- 实验要点与注意事项
- 推荐阅读

第十一章　细胞膜的分离和质子泵活性测定

实验 1　水稻根系细胞膜的分离

一、实验目的

植物细胞膜上的质子泵，又称为细胞膜 H^+-ATPase（EC 3.6.1.35）。它通过水解 ATP 产生能量并将细胞质中的 H^+ 泵出细胞膜外，从而在膜内外产生电化学势差，对建立细胞膜电位至关重要。细胞外的养分离子在膜内外电化学梯度的驱动下，借助细胞膜上的转运蛋白从膜外进入细胞，完成养分离子的跨膜运输。因此，细胞膜上的质子泵对于植物养分离子的吸收具有重要的作用。本实验学习水稻根系细胞膜的分离和质子泵水解活性测定的方法，目的是深入理解根系细胞膜质子泵在水稻铵态氮营养条件下对根际 pH 降低的适应机制，为提高水稻氮素利用率提供理论依据。

二、实验原理

植物叶片或根系组织的匀浆因组成成分的密度不同，可通过离心实现分离，离心得到的膜微囊体在磷酸缓冲液中经过悬浮和溶解，然后在 Dextran T-500 和聚乙二醇（polyethylene glycol，PEG）两相系统中分离，分离后的膜微囊再经过离心，得到的沉淀即为细胞膜的微囊体。

三、实验材料、试剂与器具

（一）材料

水稻根系。

（二）试剂

1. 匀浆缓冲液

匀浆缓冲液为 50 mmol/L 1,3- 二［三（羟甲基）甲氨基］丙烷（BTP）。BTP 称样后加水溶解，先不要定容。然后依次加入下列试剂：250 mmol/L 蔗糖、250 mmol/L 碘化钾（KI）（非必需）、2 mmol/L 乙二醇（2- 氨基乙基）四乙酸（EGTA）、10%（体积比）

甘油、5 g/L 牛血清蛋白（BSA）、2 mmol/L 二硫苏糖醇（DTT）、1 mmol/L 苯甲基磺酰氟（PMSF）、5 mmol/L 2- 巯基乙醇，然后定容，在 pH 计指示下，用 2- 吗啉乙磺酸（MES）调节 pH 到 7.8，各试剂的用量如表 4-3 所示。

表 4-3　匀浆缓冲液配方

试剂	浓度	1 L 体系中的用量	500 mL 体系中的用量
蔗糖	250 mmol/L	85.58 g	42.79 g
EGTA	2 mmol/L	0.760 8 g	0.380 4 g
甘油	100 g/L	100 mL	50 mL
BSA	5 g/L	5 g	2.5 g
BTP	50 mmol/L	14.12 g	7.06 g
DTT	2 mmol/L	0.308 6 g	0.154 3 g
PMSF	1 mmol/L	0.174 2 g	0.087 1 g
2- 巯基乙醇	5 mmol/L	348 μL	174 μL

2. 磷酸缓冲悬浮液

含 250 mmol/L 蔗糖、3 mmol/L KCl、5 mmol/L KH_2PO_4（pH 7.8）。

3. 分离系统

含 6.1%（w/w）Dextran T-500、6.1%（w/w）PEG-3350、250 mmol/L 蔗糖、3 mmol/L KCl、5 mmol/L KH_2PO_4（pH 7.8），配制方法如表 4-4 所示。

表 4-4　分离系统配方

母液	A 管	B 管、C 管
Dextran T 500（20%）	9.76 g	9.76 g
PEG-3350（40%）	4.88 g	4.88 g
蔗糖 1 mol/L	6.5 mL	8.0 mL
KCl 1 mol/L	78 μL	96 μL
BTP 缓冲液（pH 7.8，0.2 mol/L）	650 μL	800 μL
	加去离子水至 26 g	加去离子水至 32 g

4. BTP/MES 悬浮缓冲液

250 mmol/L 蔗糖、3 mmol/L KCl、5 mmol/L BTP/MES（pH 7.8）。

5. 膜蛋白质含量测定试剂

0.1 g/L 考马斯亮蓝 G-250、47 g/L 乙醇、85 g/L 磷酸。

6. 多聚糖母液

即浓度为 20%（w/w）的 Dextran T-500 和 40%（w/w）的 PEG-3350，根据称重法配制，PEG 用自动搅拌仪将多聚糖彻底搅拌均匀，并在结束之前称重，补充蒸发掉的水分。Dextran T-500 需要在 70℃水浴锅内配制，用玻璃棒搅拌使其溶解。配制结束后的 Dextran T-500 和 PEG-3350 的最终浓度为 6.1%（w/w）。

（三）仪器

分析天平、超速冷冻离心机、紫外 - 可见分光光度计、涡旋仪、水浴锅。

（四）用具

研钵、微滤膜、离心管、微量离心管（EP 管）、液氮罐、封口膜。

四、实验步骤

1. 膜微囊体悬浮液的制备

将水稻根系用自来水冲洗后，离根尖以上 2 cm 部分剪下泡入冰水中，然后用预冷的去离子水清洗 3 次，剪碎后放入预冷的加有匀浆缓冲液的研钵中，研磨液体积和组织鲜重之比为 4（mL）∶1（g），在冰浴中将根系组织全部磨碎成浆状，然后一起通过两层微滤膜（calbiochem-nowabiochem）或四层医用纱布过滤后收集在烧杯中，再分装于离心管中，超速冷冻离心机 11 500 *g*、0℃离心 10 min；收集上清液，再次在 87 000 *g*、0℃离心 20 min。离心后得到的沉淀就是膜微囊体混合物，将上清液弃去后直接在离心管中加入约 5 mL BTP/MES 悬浮缓冲液，用涡旋仪和圆头玻璃棒搅拌、涡旋，直到完全溶解得到膜微囊体的悬浮液。

根据离心管的体积计算所需要的 Dextran T-500 和 PEG-3350 母液的体积，通过称重法用滴管直接加入离心管中，然后再加入磷酸悬浮缓冲液和膜微囊体的悬浮液，配制好的 Dextran T-500 和 PEG-3350 的最终浓度为 6.1%（w/w）。本实验如果用 BECKMAN Optima L-80 XP 离心机，则离心所用转头为水平转 SW32 Ti（共 6 个转头）。每个离心管可装载总质量 32 g 的液体，按此标准，则用于分离细胞膜的离心管中用 BTP/MES 悬浮缓冲液先加到 26 g，再加入 6 mL 膜微囊体悬浮液，最后加 BTP/MES 悬浮缓冲液至 32 g。

2. 细胞膜的两相分离

取 6 g 微囊体悬浮液（用 BTP 悬浮缓冲液）至起始离心管，用封口膜封口后来回倒置混合（30 次），不能剧烈摇动。然后离心 23 min（4℃，720 *g*），将上相用吸管吸出后保存于另一个离心管中，如果膜蛋白纯度不够，可同时制备不含微囊体的离心管 B 或管 C，与起始离心管一起离心。离心后先将 B 管中的上相吸出保存，再将 A 管中的上相吸入 B 管，C 管中的上相吸入 A 管，将 A、B 管再次离心 15 min，离心后将 B 管上相吸入

C 管，A 管上相吸入 B 管，A 管舍弃，B、C 管离心 10 min，然后将 C 管上相吸出保存，B 管上相吸入 C 管，B 管舍弃，C 管再离心 5 min，将 C 管上相吸出与前一次 C 管吸出的样品混合成一管。两相分离法操作如图 4–9 所示。

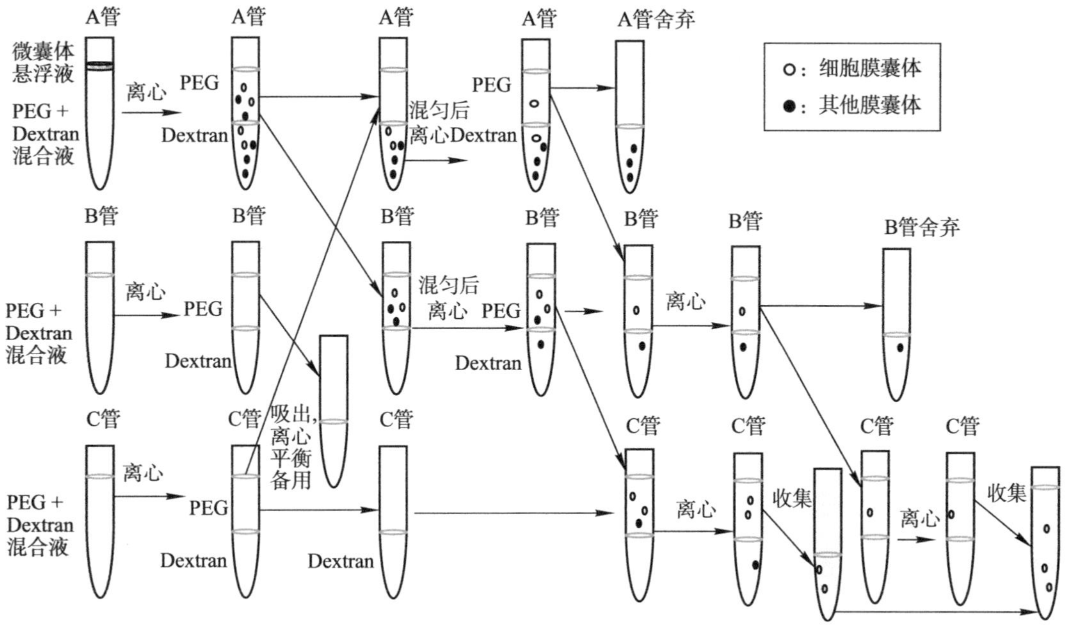

图 4–9　两相分离法示意图

将膜蛋白收集液平均分成 6 管，用 BTP 悬浮缓冲液稀释至少 6 倍，加满离心管后摇晃混匀，然后在 151 200 *g*、4℃条件下离心 40 min，得到的沉淀即为细胞膜的微囊体，根据沉淀的多少加入 1 ~ 2 mL BTP 悬浮缓冲液，分装在微量离心管中，放入液氮罐中保存。

3. BSA 标准曲线制作

BSA 标准曲线配制方法如表 4–5 所示。

表 4–5　蛋白质含量测定的 BSA 标准曲线

管号	1	2	3	4	5	6
BSA/μL	0	200	400	600	800	1 000
5 mmol/L BTP 缓冲液 /μL	1 000	800	600	400	200	0
蛋白质含量 /μg	0	2	4	6	8	10

五、结果计算

膜蛋白含量的测定：将 30 μL 膜蛋白与 970 μL 5 mmol/L BTP 悬浮缓冲液混合，加入

2 mL 考马斯亮蓝，反应 10 min 后于紫外 – 可见分光光度计 595 nm 处测定吸光值。根据标准曲线计算膜蛋白的含量。

六、实验报告与思考题

1. 实验报告

按照实际所做内容撰写。

2. 思考题

如何控制提取的膜的纯度？

数字课程学习

- 实验要点与注意事项
- 推荐阅读

实验 2　水稻根系细胞质膜质子泵活性的测定

一、实验目的

同本章“实验 1　水稻根系细胞膜的分离”。

二、实验原理

细胞膜质子泵（H^+-ATPase）的活性包括酶的水解活性（也称 H^+-ATPase 活性）和泵活性。H^+-ATPase 利用 ATP 水解反应向细胞外释放 H^+，在细胞膜的内侧释放无机磷（Pi）。因此，可以通过测定分离到的细胞膜微囊体在 Brij58 处理后形成的反转膜在离体情况下水解外源提供的 ATP 产生的无机磷的量计算 H^+-ATPase 的水解活性。具体计算时是将单位细胞膜蛋白在单位时间内水解 ATP 释放磷酸的量再减去空白对照（煮沸后失活的细胞膜蛋白所释放的磷酸）。

三、实验材料、试剂与器具

（一）材料

水稻根系。

（二）试剂

1. 酶反应体系（500 μL）

30 mmol/L BTP/MES 缓冲液（pH 6.5）、5 mmol/L $MgSO_4$、50 mmol/L KCl、0.2 g/L Brij 58、5 mmol/L Na_2-ATP，此溶液现配现用。

2. 显色液

每 100 mL 显色液中含有 Na_2CO_3 0.53 g，NaOH 25.88 g（6.47 mmol/L）。

3. 反应终止液

反应终止液组成为超纯水、钼酸铵还原剂（分子量 1 235.86）、硫酸羟胺还原催化剂（分子量 164.13）的混合液，三者的比例为 1∶2∶3。后两者在室温下单独存放可长期保存，用时按比例混合。

（1）钼酸铵还原剂　每 100 mL 含 EDTA-Na_2 0.596 g（0.016 mmol/L），含钼酸铵 4 g。

（2）硫酸羟胺原催化剂　每 250 mL 中含浓硫酸（98%，1.98 g/mL）1.1 mL（0.087 5 mmol/L），PVP（聚乙烯吡咯烷酮 K30）10 g，硫酸羟胺 7.056 7 g（0.172 mmol/L）。

4. 抑制不同膜上 H^+-ATPase 活性的实验体系

实验体系为：缓冲液（350 μL），ATP 溶液（50 μL），抑制剂（70 μL），膜蛋白（30 μL）。

50 mmol/L KNO_3 抑制液泡膜 ATPase 活性；1 mmol/L 钼酸钠抑制酸性磷酸酶活性；1 mmol/L NaN_3 抑制线粒体 ATPase 活性；0.1 mmol/L 钒酸钠抑制细胞膜 ATPase 活性。

（1）缓冲溶液　首先将 2.024 8 g BTP 溶解在 80 mL 去离子水中，用 MES 调节溶液的 pH 到 6.5，然后加入 0.440 2 g $MgSO_4$、1.331 5 g KCl、0.072 5 g Brij 58，充分溶解后转移到 250 mL 容量瓶中定容，低温下保存。此溶液包含 42.86 mmol/L BTP、7.14 mmol/L $MgSO_4 \cdot 7H_2O$、71.43 mmol/L KCl 和 0.29 g/L Brij 58。

（2）ATP 溶液　0.110 2 g Na_2-ATP 溶解于 5 mL 去离子水中，浓度为 40 mmol/L，放在 -20℃冰箱中保存备用，最好现配现用。

（3）抑制剂（25 mL）

① 抑制液泡膜 ATPase 活性的 KNO_3 溶液：称取 0.902 8 g KNO_3（分子量 101.11），溶解后定容至 25 mL。此溶液的浓度为 357.14 mmol/L。

② 抑制酸性磷酸酶的钼酸盐：称取 0.043 2 g $Na_2MoO_4 \cdot 2H_2O$（分子量 241.95），溶解后定容至 25 mL。此溶液浓度为 7.14 mmol/L。

③ 抑制线粒体 ATPase 活性的 NaN_3 溶液：称取 0.116 4 g NaN_3（分子量 65），溶解后定容至 25 mL。此溶液浓度为 7.14 mmol/L。

④ 抑制质膜 ATPase 活性的钒酸盐溶液：称取 0.016 4 g Na_3VO_4（分子量 183.9），溶解后定容至 25 mL。此溶液浓度为 7.14 mmol/L。可以利用原生质膜 ATPase 对钒酸盐的敏感性鉴定原生质膜 ATPase 的纯度。

⑤ 质膜 ATPase 活性的混合抑制剂：0.028 g KNO_3、0.043 2 g $Na_2MoO_4 \cdot 2H_2O$、0.011 6 g NaN_3 溶解并定容到 25 mL。此溶液包括 357.14 mmol/L KNO_3、7.14 mmol/L Na_2MoO_4 和 7.14 mmol/L NaN_3。加入 70 μL 此溶液到缓冲液中来测定原生质膜 ATPase 的活性。

（4）磷酸盐标准溶液　将 0.127 6 g KH_2PO_4 溶解并定容至 25 mL 超纯水中，分别取

200 μL、400 μL、600 μL、800 μL、1 000 μL 定容至 25 mL，得到 0.3 mmol/L、0.6 mmol/L、0.9 mmol/L、1.2 mmol/L、11.5 mmol/L 的磷标准溶液。再分别取 100 μL 进行显色测定，使标准曲线的磷浓度分别为 10 μmol/L、20 μmol/L、30 μmol/L、40 μmol/L、50 μmol/L。

（三）仪器

紫外－可见分光光度计、恒温水浴锅。

（四）实验用具

小试管、比色皿等。

四、实验步骤

测定细胞膜 H^+-ATPase 水解活性的反应体系体积为 0.50 mL，含有 30 mmol/L BTP/MES缓冲液、5 mmol/L $MgSO_4$、50 mmol/L KCl、50 mmol/L KNO_3、1 mmol/L Na_2MoO_4、1 mmol/L NaN_3、0.2 g/L Brij 58、5 mmol/L Na_2-ATP。反应前，先将缓冲液 350 μL、ATP 溶液 50 μL、抑制剂 70 μL 依次加入小试管中，最好使用一次性比色皿，将水浴温度调整到 30℃，将上述试管放入水浴锅。然后，按每分钟一次，依次在各试管中加入 30 μL 含 1～2 μg 的膜蛋白，这些膜蛋白要事先用 BTP 缓冲液稀释到所需浓度，冰浴保存，把其中约 200 μL 膜蛋白煮沸 30 min，以达到灭活的效果，并同样用于测定活性，做为空白对照。将所有膜蛋白加入反应体系后，在 30℃水浴中反应 30 min，然后加入反应终止液 2.5 mL、显色液 0.25 mL，30℃下保温 30 min，于紫外－可见分光光度计 720 nm 处比色。

五、结果计算

细胞膜 H^+-ATPase 水解活性根据单位时间内每毫克膜蛋白释放的磷含量减去空白值计算所得。H^+-ATPase 水解活性（$\mu mol\ Pi \cdot mg^{-1}\ Pro \cdot min^{-1}$）=（$Pi_{Contro}-Pi_{Blank}$）$\mu mol \cdot L^{-1} \times 3.25\ mL$/（1～2）μg Pro./30 min。

六、实验报告与思考题

1. 实验报告

按照实际所做内容撰写。

2. 思考题

如何鉴别提取的膜的纯度？

数字课程学习

● 实验要点与注意事项　　● 推荐阅读

实验3 水稻根系细胞膜蛋白表达的测定

一、实验目的

本实验学习在不同浓度铵处理下水稻根系细胞膜蛋白的提取和蛋白质印迹测定的方法，目的是深入理解在铵态氮营养下水稻根系细胞膜质子泵蛋白在翻译水平上的调控机制，为提高水稻氮素利用率提供理论依据。

二、实验原理

免疫印迹（Immunoblotting）又称蛋白质印迹（Western blotting），是根据抗原抗体的特异性结合检测复杂样品中的某种蛋白的方法，由于免疫印迹具有SDS-PAGE（SDS polyacrylamidegel electrophoresis）的高分辨力和固相免疫测定的高特异性和敏感性，已成为蛋白质分析的一种常规技术。免疫印迹常用于鉴定某种蛋白，并能对蛋白质进行定性和半定量分析。结合化学发光检测，可以同时比较多个样品同种蛋白的表达量差异。

免疫印迹的基本原理是将混合抗原样品在凝胶板上进行单向或双向电泳分离，然后取固定化基质膜与凝胶相贴。在印迹纸的自然吸附力、电场力或其他外力作用下，使凝胶中的单一抗原组分转移到印迹纸上并且固相化。最后应用免疫覆盖液技术如免疫同位素探针或免疫酶探针等对抗原固定化基质膜进行检测和分析。

三、实验材料、试剂与器具

1. 材料

水稻根系。

2. 试剂

（1）研磨液

100 mmol/L Tris-HCl pH 8.0、250 mmol/L KCl、3 mmol/L DTT、5 g/L PVP（K 30）、100 g/L 甘油、5 mmol/L EDTA、1 mmol/L PMSF、10 mmol/L NaF。

（2）根系重悬缓冲液

100 mmol/L Tris-HCl pH 7.6、100 g/L 甘油、1 mmol/L EDTA、1 mmol/L DTT、1 mmol/L PMSF、10 mmol/L NaF、4 mmol/L 亮抑酶肽。

（3）蛋白质浓度测定相关试剂

0.1 g/L 考马斯亮蓝 G-250、47 g/L 乙醇、85 g/L 磷酸。

（4）蛋白质印迹相关试剂

① 凝胶电泳液　Tris 6 g/L、甘氨酸 28.8 g/L、1 g/L SDS。

② 转膜液　Tris 碱 5.8 g/L、甘氨酸 2.9 g /L、20% 甲醇。

③ 封闭液　1 × TBS（pH 7.4）、Tris 2.42 g/L、NaCl 8.18 g/L、25% 吐温 -20、50 g/L 脱脂奶粉。

（5）细胞膜质子泵相关抗体

一抗：OSA7-CAT（3 000：1）兔抗 97 KD；ACTIN（3 000：1）鼠抗 45 KD；二抗：兔抗 IgG HRP；鼠抗 HRP。

3. 仪器

分析天平、超高速冷冻离心机、蛋白凝胶电泳仪、蛋白转膜仪、摇床、蛋白凝胶成像仪、紫外 - 可见分光光度计。

4. 用具

PVDF 膜、研钵、液氮、离心管。

四、实验步骤

1. 提取膜蛋白

采取水培两周左右的整株水稻根系约 200 mg，迅速加入液氮研磨成粉末状。加入 3 mL 水稻根系研磨液，冰浴研磨至透明状。研磨充分后转移至 1.5 mL 离心管中，4℃、10 000 *g* 离心 10 min（提取水稻叶片膜蛋白时只需到这一步即可）；离心后上清液用 58 μm 滤膜过滤，滤液收集于超高速冷冻离心机的离心管中，4℃、45 000 *g* 离心 60 min；弃上清得到膜蛋白，加入 50 ~ 300 μL 水稻根系重悬缓冲液（重悬液体积依据膜蛋白多少而定）；分离好的蛋白可以用液氮速冻后，置于 -80℃冰箱保存。

2. 蛋白质含量测定

取足量的 1.5 mL 离心管，每管加入蒸馏水 800 μL，设定空白对照，其他管中分别加入 200 μL 4℃储存的 0.1 g/L 考马斯亮蓝溶液；除去空白对照的调零管，另外一管中加入 1 μL 研磨液，作为空白管；其他管分别加入对应的膜蛋白提取液 1 μL；先将比色皿用 80 μL 蒸馏水清洗 3 次，然后加入 50 μL 调零管中的蒸馏水，595 nm 波长下调零；弃去调零样品，用 80 μL 蒸馏水清洗比色杯 3 次；分别取空白管及样品管，在 595 nm 下测定吸光度。

3. 蛋白质电泳

取分离好的膜蛋白 1 ~ 10 μg，加入等体积 3 × SDS-PAGE 缓冲液，混匀，52℃水浴 10 min（叶片样品不需加热），于 10% 凝胶中电泳。

4. 转膜

电泳 1 ~ 2 h 结束后，依次在蛋白转膜仪的石墨电极上叠放 3 张浸泡过甲醇缓冲液的滤纸、PVDF 膜、刚刚完成电泳的凝胶（电泳的方向与转膜方向一致）和另外 3 张浸泡过缓冲液的滤纸。用手指轻轻除去气泡，注意每叠一层就要除去气泡。最后将转移槽的上盖扣上，接通电源开始转膜。电流大小为膜面积的 1.5 倍，电压最高为 20 V，转膜 1 ~ 1.5 h。

5. 蛋白质印迹

转膜完成后，放入含有封闭液（50 g/L 脱脂奶粉，25% 吐温 -20 2 mL/L，1 × TBS）的平皿中，室温下放置在摇床上摇动封闭 30 min；将膜取出，加 6 mL 封闭液（可根据膜面积具体调整体积），再加入 6 μL 一抗（1 000 ∶ 1），脱色摇床上摇动 30 min，4℃过夜；第 2 d 取出膜，在脱色摇床上摇动 30 min，用 TBS 清洗 3 次，每 5 min 换洗一次；结合二抗：根据一抗来源选择合适的二抗（ACTIN 二抗为鼠抗，其他均为兔抗 IgG HRP），用封闭液溶解抗体，按相应比例稀释（1 ∶ 3 000），室温下轻摇 2 h；同样取出膜，用 TBS 清洗 3 次，每 5 ~ 10 min 换洗一次；各加显色液 1 mL，手动摇晃均匀涂抹膜；封膜后上机定影检测目的条带。

四、结果计算

检测目的条带。

五、实验报告与思考题

1. 实验报告

按照实际所做内容撰写。

2. 思考题

影响蛋白杂交的实验因素有哪些？

数字课程学习

- 实验要点与注意事项
- 推荐阅读

第十二章　养分离子转运蛋白的基因表达分析

实验 1　水稻硝酸根离子转运蛋白的基因表达分析

一、实验目的

根系对养分离子的吸收一般分为主动吸收和被动吸收。主动吸收是依赖质子泵提供能量的借助细胞膜上转运蛋白的跨膜运输过程，被动吸收一般是依赖膜两侧的浓度梯度来实现。根系对 NO_3^- 的主动吸收借助于细胞膜上的硝酸盐转运蛋白（也称硝酸盐转运体，Nitrate transporter，NRT）完成。NRT 分为高亲和转运系统（high affinity transporter，HATS）和低亲和转运系统（low affinity transporter，LATS）。

水稻是典型的喜 NH_4^+ 作物，由于根系的泌氧作用，水稻根系实际是处于 NH_4^+、NO_3^- 混合营养之中。近年来，对水稻 NO_3^- 营养的研究日益受到关注。本实验学习水稻硝酸盐转运蛋白基因（低亲和转运蛋白基因 *OsNRT1.1 b*、高亲和转运蛋白基因 *OsNRT2.3 b*）表达的分析方法，为深入研究水稻吸收 NO_3^- 的生理过程和机制提供技术支持，为培育氮素高效利用水稻品种提供理论依据。

二、实验原理

逆转录 - 聚合酶链式反应（RT-PCR）的基本原理是，提取组织或细胞中的总 RNA，以其中的 mRNA 为模板，采用 Oligo（dT）或随机引物利用逆转录酶逆转录成 cDNA，再以 cDNA 为模板进行 PCR 扩增，从而获得目的基因，通过电泳检测目的基因的表达。

三、实验材料、试剂与器具

1. 材料

水稻幼苗。

2. 试剂

Trizol 试剂、特异引物、琼脂糖、异丙醇、氯仿、75% 乙醇、DEPC（焦碳酸二乙酯）水、Oligo（dT）、dNTP、5× 反应缓冲液、MMLV 逆转录酶、RNA 酶抑制剂。

3. 仪器

PCR 仪、紫外 – 可见分光光度计、高速冷冻离心机、电泳仪、恒温水浴锅、冰箱。

4. 用具

PCR 管、研钵、液氮等。

四、实验步骤

（一）水稻育苗及处理

水稻种子经消毒后暗培养 3 ~ 4 d 催芽，然后在培养箱内育苗 7 d。选择长势一致的小苗移栽入装有 1/2 营养液（国际水稻所配方）的培养箱中，每天更换一次营养液，连续培养 7 d，然后将水稻苗去掉种子进行缺氮处理 2 d，随后进行供氮处理，供氮可以设计不同氮形态（NH_4^+、NO_3^-、NH_4^++NO_3^-）、不同氮浓度的处理。在供氮以后的第 2 d，分别采集 3 份植株叶片和根装入小封口袋后立即放入液氮杯中，放入 –70℃冰箱内保存备用。

（二）水稻总 RNA 的提取

1. RNA 的提取和分离

研钵先加入液氮数次至足够冷，加入样品、Trizol 试剂（100 mg 样品加 1 mL Trizol 试剂）研磨至粉末，然后放在室温下解冻。高速冷冻离心机 2 ~ 8℃、12 000 *g* 离心 10 min，将上清液移入 1.5 mL 离心管中。在室温下放置 5 min，加入氯仿剧烈振荡 15 ~ 20 s，室温下温浴 2 ~ 3 min，12 000 *g* 离心 10 min，RNA 全部溶解于上层水相中，把水相移入另一个 1.5 mL 离心管中。加入氯仿再次去除杂质，剧烈振荡 15 s，室温下恒温水浴 2 ~ 3 min，再 12 000 *g* 离心 10 min，把水相转入 1.5 mL 离心管中。

2. RNA 的沉淀与清洗

加入 0.5 mL 异丙醇对提取的 RNA 进行沉积，15 ~ 30℃水浴 10 min，12 000 *g* 离心 10 min，RNA 全部沉积在离心管的底部及侧壁。然后加入 1 mL 75% 乙醇清洗，在 2 ~ 8℃下 7 500 *g* 离心 5 min，小心将上清液倒掉，再加入乙醇清洗、离心后小心将上清液倒掉。将离心管倒扣在吸水纸上，每管加 30 μL 的 DEPC 水，在 55 ~ 60℃下助溶 10 min。

3. RNA 的浓度测定

取 2 μLRNA，用紫外 – 可见分光光度计测定 RNA 浓度。

4. cDNA 第一链的合成

向 DEPC 水处理过的 0.5 mL 离心管中加入总 RNA 5 μg、Oligo（dT）（25 ng/μL）2 μL、dNTP（10 mmol/L）2 μL，70℃水浴 5 min，迅速置于冰上冷却，随后加入 5× 反应缓冲液 4 μL、MMLV 逆转录酶 1 μL（200 /μL）、RNA 酶抑制剂 0.5 μL、DEPC 水至总体积为 20 μL。离心后置于 42℃水浴 1 h，所得产物即为 cDNAs，cDNAs 应置于 –20℃

冰箱保存。

5. PCR 扩增

（1）设计特异性引物　根据基因的保守序列设计特异性引物，*OsNRT1.1b* 和 *OsNRT2.3b* 引物序列及 PCR 扩增条件如表 4–6 所示。扩增体系为：ddH_2O 30 μL、10 × PCR 缓冲液 5 μL、5′– 引物（10 μmol/L）3 μL、3′– 引物（10 μmol/L）3 μL、dNTPs（10 μmol/L）5 μL、DNA 3 μL、Taq 酶 1 μL，共计 50 μL。

表 4–6　*OsNRT1.1b* 和 *OsNRT2.3b* 引物序列及 PCR 扩增条件

基因	基因序列	产物长度	引物序列	扩增条件
OsActin	AB047313	794 bp	F：GGA ACT GGT ATG GTC AAG GC R：AGT CTC ATG GAT AAC CGC AG	
OsNRT1.1b	AK066920	678 bp	F：TCT GTC TTC TCA GTC CGTA R：CAT ACC CTA AAG CAA CCA	95℃，5 min；95℃，30 s；68 ℃，30 s；72 ℃，30 s；30 个循环；72℃，7 min
OsNRT2.3b	AK072215	603 bp	F：CGT TCG CCG TGTT R：TCG AAG CGG TCG TAG AAG	95℃，5 min；95℃，30 s，55 ℃，30 s，72 ℃，30 s；30 ~ 35 个循环；72 ℃，7 min

（2）PCR 扩增产物电泳及观察　PCR 扩增产物进行琼脂糖凝胶电泳，紫外线灯下观察结果。

五、实验报告与思考题

1. 实验报告

水稻硝酸盐转运蛋白在不同供氮条件下的表达模式如图 4–10 所示。在缺氮及不同供氮（0.2 mmol/L、5 mmol/L）条件下 *OsNRT1.1a* 都有表达，与 *OsNRT2.2* 表达模式类似；*OsNRT1.1b* 在缺氮条件下不表达，与 *OsNRT2.3a* 的表达模式类似；*OsNRT2.3a* 在低浓度处理下强烈表达，*OsNRT2.3b* 在不同供氮处理下表达均较弱。

2. 思考题

（1）*OsNRT1.1b* 和 *OsNRT2.3b* 在不同形态不同浓度供氮条件下的表达有哪些特点？

（2）查阅文献，深入了解 *OsNRT1.1b* 和 *OsNRT2.3b* 及其他硝酸盐转运蛋白基因在水稻氮素吸收中的生理功能。

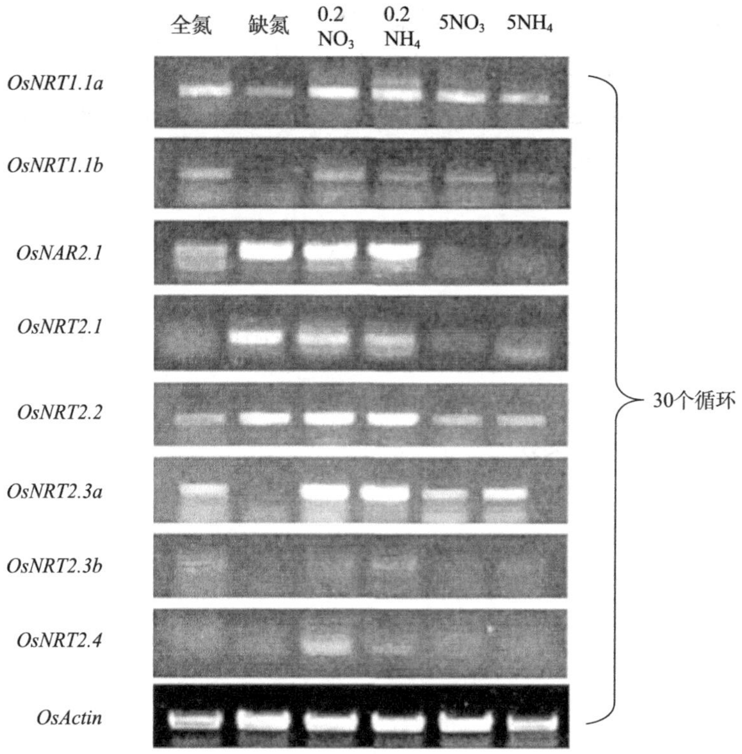

图 4-10　水稻在全营养液培养两周后供应不同形态和浓度的氮素根系硝酸根转运蛋白基因的表达（引自：缪其松，2011）

数字课程学习

- 实验要点与注意事项
- 推荐阅读

实验 2　水稻铵根离子转运蛋白的基因表达分析

一、实验目的

高等植物 NH_4^+ 的吸收是一个由铵转运蛋白基因（AMT）参与的主动运输过程，NH_4^+ 的吸收有两个明显的动力学吸收特性：低亲和的非饱和吸收（LATS）和高亲和的饱和吸收（HATS）。高亲和力系统在低浓度（μmol/L）下起作用，低亲和力系统在高浓度（mmol/L）下起作用。LATS 和 HATS 运输蛋白基因在不同供氮条件下的表达模式不同，通过设计特定引物，运用 RT-PCR 方法可以检测 LATS 和 HATS 运输蛋白的基因表达。

水稻是典型的喜 NH_4^+ 作物，与硝酸盐的吸收类似，NH_4^+ 的主动吸收依赖铵转运蛋白的跨膜运输。在学习了水稻铵吸收动力学参数测定的方法以后，需要在分子水平了解水稻铵转运蛋白基因的表达特征。本实验学习利用 RT–PCR 方法对水稻铵转运蛋白基因的表达进行分析，目的是更加深入理解水稻吸收铵的生理和分子机制，为提高水稻氮素利用率提供理论依据。

二、实验原理

RT–PCR 方法的原理参见本章“实验 1　水稻硝酸根离子转运蛋白的基因表达分析”。

三、实验材料、试剂与器材

1. 材料

水稻幼苗。

2. 试剂

Trizol 试剂、特异引物、琼脂糖、异丙醇、氯仿、乙醇、DEPC 水、Oligo（dT）、dNTP、5 × 反应缓冲液、MMLV 逆转录酶、RNA 酶抑制剂。

3. 仪器

PCR 仪、紫外 – 可见分光光度计、高速冷冻离心机、无菌工作台、电泳仪。

4. 用具

PCR 管、离心管、移液器、电泳槽、研钵。

四、实验步骤

（一）水稻育苗及实验处理

水稻育苗以及实验处理参见本章“实验 1　水稻硝酸根离子转运蛋白的基因表达分析”。

（二）水稻总 RNA 的提取和 cDNA 第一链的合成

同本章“实验 1　水稻硝酸根离子转运蛋白的基因表达分析”。

（三）PCR 扩增

1. 设计特异引物

根据 *OsAMT1:1*、*OsAMT1:2*、*OsAMT1:3* 的保守序列设计特异引物，引物序列及 PCR 扩增条件如表 4–7 所示。扩增体系同本章“实验 1　水稻硝酸根离子转运蛋白的基因表达分析”。

表 4–7　*OsAMT1:1*、*OsAMT1:2*、*OsAMT1:3* 引物序列及 PCR 扩增条件

基因	基因序列	引物序列	扩增条件
OsActin	AB047313	F：GGA ACT GGT ATG GTC AAG GC R：AGT CTC ATG GAT AAC CGC AG	
OsAMT1:1	AF289477	F：GGT CAT CTT CGG GTG GGT CA R：CGT GCC GTG TCA GGT CCA T	95℃，30 s；95℃，10 s；55℃，20 s；72℃，30 s；40 个循环；95℃，1 min；55℃，1 min；80 个循环
OsAMT1:2	AF289478	F：GAA GCA CAT GCC GCA GAC A R：GAC GCC CGA CTT GAA CAG C	
OsAMT1:3	AF289479	F：GCG AAC GCG ACG GAC TA R：GAC CTG TGG GAC CTG CTT G	

2. PCR 扩增产物电泳及观察

PCR 扩增产物进行琼脂糖凝胶电泳，紫外线灯下观察电泳结果。

五、实验报告与思考题

1. 实验报告

按照实际所做内容撰写。

2. 思考题

（1）*OsAMT1:1*、*OsAMT1:2* 和 *OsAMT1:3* 在不同形态、不同浓度供氮条件下的表达有哪些特点？

（2）查阅文献，深入了解 OsAMT 家族其他转运蛋白基因在水稻氮素吸收中的生理功能及其在生产实际中的应用价值。

数字课程学习

- 实验要点与注意事项
- 推荐阅读

实验 3　水稻磷酸盐转运蛋白和 microRNA399 的基因表达分析

一、实验目的

磷是植物生长发育所需要的大量元素之一，是生物膜的重要组成部分，参与核酸的合成、能量代谢和酶的调控。在植物细胞中，无机磷的浓度一般都大于 10 mmol/L。然而，磷容易被酸性土壤中的铁铝氧化物及石灰性土壤中的碳酸钙固定，或是形成土壤有

机物转化为固定态磷而难以被植物吸收利用。由于土壤有效磷的含量很低，同时磷在土壤中较难移动，很容易造成植物根际土壤磷的亏缺。因此，磷酸盐转运蛋白在植物根系对磷的吸收过程中发挥了十分重要的作用。

植物磷的养分高效利用主要指根系对土壤中低浓度磷的高效吸收和体内磷的高效利用。植物根系磷的跨膜转运受不同磷酸盐转运蛋白（转运体）家族的调控。依据介质中有效磷浓度的高低，磷酸盐转运蛋白可以分为低亲和磷酸盐转运蛋白（Pht2）和高亲和磷酸盐转运蛋白（Pht1）两大类，土壤溶液中可溶性磷的含量一般只有 1 μmmol/L 甚至更低，高亲和磷酸盐转运蛋白对缺磷条件下根系磷的吸收起主要作用。磷酸盐转运蛋白基因在不同浓度磷条件下的表达模式不同，通过设计特定引物运用 RT-PCR 方法可以检测基因的表达。

miRNA 是动植物一种内源的长 20～24 nt 的非编码的小分子 RNA，它来源于具有茎环结构的单链 RNA，即 miRNA 前体。植物中 miRNA 主要通过与靶标 mRNA 互补配对后介导 mRNA 的切割与降解，从而在转录后水平上调节靶基因的表达。植物中 miRNA 基因在 RNA 聚合酶Ⅱ（RNA PolⅡ）的作用下，产生带有帽子和多聚腺甘酸尾的 miRNA 原初转录物 primary miRNA（pri-miRNA）。可以通过定量 qRT-PCR 检测 pri-miRNA 的含量来指示成熟 miRNA 的含量。miRNA 在植物响应养分胁迫中发挥了一定的作用。本实验学习研究水稻缺磷诱导的磷酸盐转运蛋白基因 *OsPht 1:2*（OsPt2）、*OsPht 1:6*（OsPt6）和 microRNA399（miR399）基因表达的方法，为改善水稻的磷素营养、提高作物品质和产量提供理论依据。

二、实验原理

RT-PCR 方法的原理可以参见本章“实验 1　水稻硝酸根离子转运蛋白的基因表达分析”。

三、实验试剂与器材

1. 材料

水稻幼苗。

2. 试剂

Trizol 试剂、特异引物、琼脂糖、异丙醇、氯仿、乙醇、cDNA 合成试剂盒。

3. 仪器

PCR 仪、紫外 – 可见分光光度计、高速冷冻离心机、无菌工作台、电泳仪。

4. 用具

PCR 管、离心管、移液器、电泳槽、研钵。

四、实验步骤

（一）水稻育苗及实验处理

水稻种子经消毒后暗培养 3 ~ 4 d 催芽，然后于培养箱内育苗 7 d。选择长势一致的小苗移栽入装有 1/2 营养液（国际水稻所配方）的培养箱中，每天更换一次营养液，连续培养 7 d，然后将水稻苗进行缺磷处理。分别在处理的第 1 d、3 d、7 d、14 d、21 d 收集对照和缺磷处理的水稻根系和叶片。

（二）水稻总 RNA 的提取

同本章“实验 1　水稻硝酸根离子转运蛋白的基因表达分析”。

（三）cDNA 第一链的合成

同本章“实验 1　水稻硝酸根离子转运蛋白的基因表达分析”。

（四）PCR 扩增

1. 设计引物

根据基因的保守序列设计引物，引物序列及 PCR 扩增条件如表 4–8 所示。扩增体系同本章“实验 1　水稻硝酸根离子转运蛋白的基因表达分析”。

表 4–8　*OsPT2*、*OsPT6*、*miR399d*、*miR399f* 引物序列及 PCR 扩增条件

基因	基因序列	产物长度	引物序列	扩增条件
OsActin	AB047313	794 bp	F：GGA ACT GGT ATG GTC AAG GC R：AGT CTC ATG GAT AAC CGC AG	95℃，5 min；95℃，30 s；60℃，30 s；72℃，30 s；25 个循环，72℃，7 min；95℃，5 min；95℃，30 s；68 ℃，30 s；27 个循环，72℃，7 min
OsPT2	AF536962	444 bp	F：AGG CAC TCA TCG CAC TCT R：GCA TAC CGA GGA AGT TTGT	
OsPT6	AF536966	688 bp	F：CCG ACG CCT ATG ACC TCT TCTG R：ACC TGC AGC ACC TTG GAC AGTG	
Pri-miR399d	_	116 bp	F：GGT GGCCTTTGATACACCATCA； R：GCAGGCCGTTTTGGTGAAT	
Pri-miR399f	_	76 bp	F：GGCAGAGGTGATCAGATTGCA； R：GGCAAATCTCCTTTGGCAGAG	

2. 电泳及 PCR 扩增产物观察

PCR 扩增产物进行琼脂糖凝胶电泳，紫外线灯下观察结果。

五、实验报告与思考题

1. 实验报告

水稻磷酸盐转运蛋白 *OsPT2* 和 *OsPT6* 在缺磷条件下强烈表达（图 4–11）；在缺磷或缺铁情况下 *OsmiR399s* 多个基因受到诱导表达（图 4–12）。

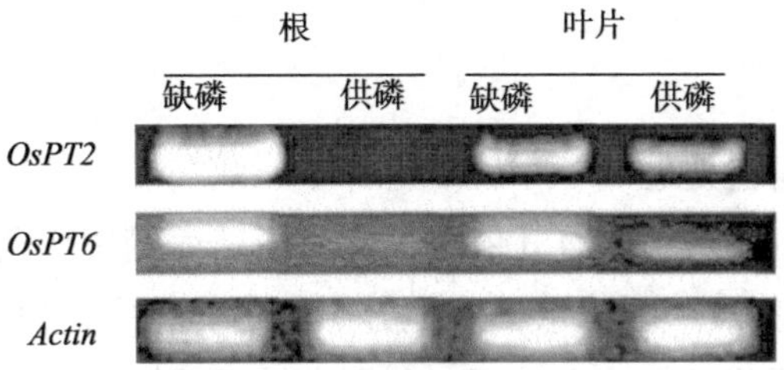

图 4-11　供磷和缺磷条件下水稻 *OsPT2* 和 *OsPT6* 基因在叶片和根部的表达模式（引自：艾鹏慧，2009）

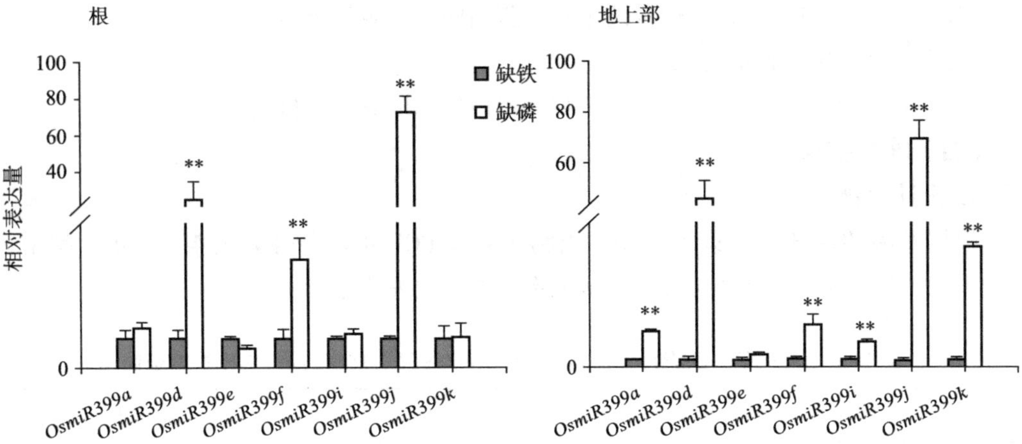

图 4-12　*OsmiR399s* 受磷或铁饥饿诱导表达的模式（引自：Hu *et al.*，2015）

** 表示差异极显著

2. 思考题

（1）*OsPT2*、*OsPT6* 在不同磷营养条件下的表达有哪些特点？

（2）查阅文献，深入了解 *OsPT* 家族其他转运蛋白基因在水稻磷素吸收中的生理功能及其在生产实践中的应用价值。

（3）查阅文献，了解 *OsmiR399* 家族共有成员在植物响应营养胁迫中的生理功能及其在生产实践中的应用价值。

数字课程学习

- 实验要点与注意事项
- 推荐阅读

实验 4　水稻钾转运蛋白的基因表达分析

一、实验目的

钾是植物生长必需的大量元素之一，它对植物的生长发育具有重要的作用：促进光合作用，提高二氧化碳同化速率；促进光合产物的运输；激活酶的活性；促进蛋白质的合成；参与细胞渗透调节作用，调节气孔运动等。在一般情况下，当植物钾含量低于植株干重的 1% 时就会出现缺钾症状，严重缺钾情况下会导致植株生长缓慢、易倒伏，抗逆性和抗病性差，严重影响作物的产量和品质。

钾转运蛋白分为低亲和吸收系统（LAFS）和高亲和吸收系统（HAFS），前者主要在高钾浓度（大于 1 mmol/L）下发挥作用，后者在低钾浓度下（小于 0.2 mmol/L）条件下起作用。高亲和转运蛋白对于作物在低钾或缺钾情况下钾的吸收起到非常重要的作用。水稻是我国主要粮食作物之一，深入研究水稻钾的吸收特点对于改善水稻钾营养、提高水稻的产量和品质意义重大。

在钾转运蛋白基因家族中，*OsHAK5* 是研究得比较清楚的一个基因，本次实验通过设计特异引物，利用实时荧光定量 PCR（Real time-PCR）方法分析 *OsHAK5* 在不同供钾条件下的表达模式。为从分子水平深入理解水稻的钾营养特性提供技术支撑，为进一步提高水稻钾的吸收效率提供理论依据。

二、实验原理

实时荧光定量 PCR 原理是在 PCR 反应体系中加入荧光基团，利用荧光信号实时监测 PCR 进程，然后通过标准曲线对未知模板进行定量分析的方法。实时荧光定量 PCR 常用的荧光基团是 SYBR Green，它能结合到双链 DNA 的小沟部位并发出荧光，变性时 DNA 双链分开不发出荧光，复性和延伸时形成双链 DNA，SYBR Green 发出荧光。利用温度与荧光强度的变化求导（$-dI/dT$），DNA 模板量越多，荧光达到阈值的循环次数越少，浓度的对数与循环次数呈线性关系，根据样品 *Ct* 值和标准曲线对起始模板进行定量分析。

三、实验材料、试剂与器具

1. 材料

水稻幼苗。

2. 试剂

Trizol 试剂、特异引物、琼脂糖、异丙醇、氯仿、乙醇、DEPC 水、Oligo（dT）、

dNTP、5× 反应缓冲液、MMLV 逆转录酶、RNA 酶抑制剂。

3. 仪器

PCR 仪、紫外 - 可见分光光度计、高速冷冻离心机、电泳仪、恒温水浴锅、冰箱。

4. 用具

96 孔 PCR 板、研钵等。

四、实验步骤

1. 水稻育苗及实验处理

水稻育苗参见本章“实验 1　水稻硝酸根离子转运蛋白的基因表达分析”，实验处理可以按照实验方案设计不同的供钾水平。

2. 水稻总 RNA 的提取和 cDNA 第一链的合成

同本章“实验 1　水稻硝酸根离子转运蛋白的基因表达分析”。

3. PCR 扩增

（1）设计特异引物

根据基因的保守序列设计特异引物，引物序列及 PCR 扩增条件如表 4–9 所示。

表 4–9　*OsHAK5* 引物序列及 PCR 扩增条件

基因	基因序列	产物长度	引物序列	扩增条件
OsActin	AB047313	197 bp	F：TTA TGG TTG GGA TGG GACA R：AGC ACG GCT TGA ATA GCG	反应体系为 20 μL：SYBRmix（2×），10 μL，ROX 0.4 μL，正向引物和反向引物各 0.4 μL，cDNA 模板 1 μL，无菌水 7.8 μL。配制混合物充分混匀后分配于 96 孔 PCR 板中。扩增条件为：95℃，5 s；94℃，30 s；95℃，30 s；72℃，30 s，40 个循环；72℃，5 min
OsHAK5	AK241580	149 bp	F：CAT TGT GG ACT A TT TTG AAA GAA R：GGA GAA CTA CAG AAA AGC CAAT	

（2）PCR 扩增产物电泳及观察

PCR 扩增产物进行琼脂糖凝胶电泳，紫外线灯下观察结果。

五、实验报告与思考题

1. 实验报告

缺钾和供钾处理水稻（日本晴，野生型）*OsHAK5* 基因的表达模式如图 4–13。水稻水培两周然后转移至正常供钾（1 mmol/L K^+）和缺钾（0 mmol/L K^+）水稻营养液中，在不同的处理时间提取水稻根、根茎结合处及叶鞘、叶片 3 个部位的总 RNA 定量 PCR

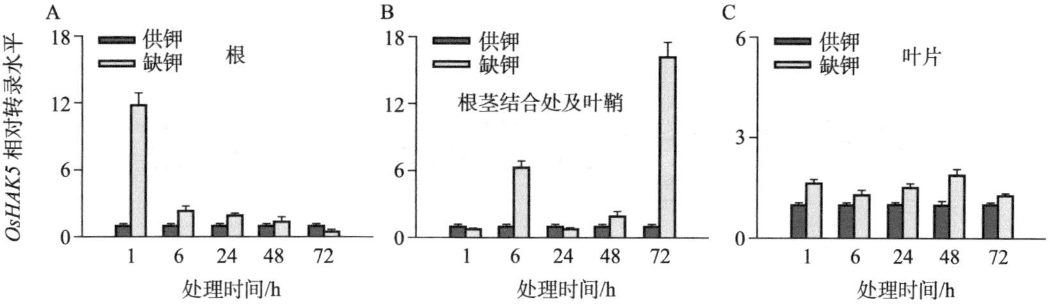

图 4–13　不同钾处理对水稻（日本晴，野生型）*OsHAK5* 基因表达的影响（引自：杨天元，2014）

水平，*OsActin* 基因作为内参基因。刚开始缺钾时，*OsHAK5* 强烈在根中诱导表达，缺钾强烈诱导 *OsHAK5* 在根茎结合处和叶鞘的表达。

2. 思考题

（1）查阅文献，了解水稻 HAK 家族成员基因表达调控及其在钾吸收中的生理功能。

（2）查阅文献，了解水稻 HAK 家族成员基因在水稻吸收钾、钠离子，维持钾钠平衡及其在水稻耐盐中的生理功能，了解相关基因在盐碱地农业生产中的应用前景。

数字课程学习

- 实验要点与注意事项
- 推荐阅读

第十三章　根际微域的研究方法

实验 1　根瘤石蜡切片的制作与铁染色（Perls-DAB 染色）

一、实验目的

豆科作物与根瘤菌之间的共生固氮为农业生产提供了天然的氮素资源。相比于工业氮肥，共生固氮在提高土壤肥力、减少水土污染、降低能源消耗等方面都具有优越性。根瘤菌为豆科作物提供氮源，豆科作物为根瘤菌提供碳源及矿质养分，两者互惠互利。

铁是植物生长发育所必需的微量营养元素之一，它参与诸多生理生化过程。在豆科作物根瘤中，铁作为固氮酶、铁氧还蛋白和细胞色素等众多固氮必需酶的活性中心，直接参与根瘤共生固氮。据统计，在根瘤成熟时，大豆根瘤中的铁能够占到大豆总铁的44%。可见，大豆根瘤具有很高的铁浓度。

本实验学习大豆根瘤切片的制作方法以及铁染色方法，了解根瘤中铁的分布特点，这对于深刻理解大豆的固氮作用以及铁在大豆固氮作用中的机制十分必要。

二、实验原理

大多数生物材料是不透光的，折射率相差很小，在自然状态下不能用于显微观察，也看不到细胞内的精细结构。生物材料经过固定、脱水、透明、包埋等处理过程可以制成薄片，然后用不同的染色方法显示细胞或组织的形态及其特定化学成分的变化，在显微镜下可以看到不同区域组分的状态。这是石蜡切片的基本原理。

一般认为 Fe^{2+} 是植物吸收的主要形式，根系吸收的 Fe^{2+} 在细胞内被氧化成 Fe^{3+}，Fe^{3+} 与柠檬酸螯合形成结合态铁，结合态铁或储存在细胞内或通过木质部运输到地上部。利用酸性氰亚铁酸盐可以水解细胞内螯合态 Fe^{3+} 生成亚铁氰化铁，后者催化二氨基联苯胺（DAB）失去电子呈现颜色变化和沉淀，形成棕褐色不溶性产物。这是 Perls 染色的基本原理。

三、实验试剂与器材

1. 材料

大豆苗。

2. 试剂

（1）FAA 固定液（100 mL）

70% 乙醇 90 mL、无水乙酸 5 mL 和 5 mL 甲醛混合，避光、4℃保存。

（2）10× 磷酸盐缓冲液母液

称取 8 g NaCl、0.2 g KCl、2.88 g $Na_2HPO_4 \cdot 12H_2O$、0.2 g KH_2PO_4 溶解于 90 mL 去离子水中，用 NaOH 溶液调节 pH 到 7.4，定容至 100 mL，4℃保存。

（3）Perls 染色液

4% HCl（体积分数）加 40 g/L 亚铁氰化钾（1∶1），现配现用。

（4）阻断剂溶液

含有 0.01 mol/L NaN_3 和 0.3% 体积分数 H_2O_2，使用甲醇进行配制。

（5）DAB 强化液

0.25 g/L DAB、0.005%（体积比）H_2O_2、0.05 g/L $CoCl_2$，用 1× 磷酸盐缓冲液配制。

（6）其他仪器

70%、85% 和 95% 的乙醇，无水乙醇，二甲苯，石蜡。

3. 仪器

烘箱、切片机（Lecia，RM2235）、展片机（Lecia，HI1210）、光学显微镜。

4. 用具

酒精灯、刀片、青霉素瓶。

四、实验步骤

（一）根瘤石蜡切片制作

1. 固定

取下根瘤，放入装有 FAA 固定液的 2 mL 离心管中，抽真空固定过夜，使根瘤沉入离心管底部。

2. 脱水

倒掉 FAA 固定液，用浓度为 70%、85% 和 95% 的乙醇逐级脱水，每次 1 h。用无水乙醇继续脱水 3 次，每次 1 h。

3. 透明

脱水后的根瘤样品迅速依次转入 1∶2、1∶1 和 2∶1 的二甲苯 – 无水乙醇溶液中逐级透明，每级透明处理 1 h。再用纯二甲苯透明两次，每次 1 h。

4. 浸蜡

将透明后的根瘤样品转移至青霉素瓶中，加入 1 mL 二甲苯，放入玻璃瓶底大小的滤纸，放入融点为 58℃的碎石蜡，直至没有空隙。所有青霉素瓶放在大培养皿上，上面再盖一培养皿，放入 42℃烘箱中过夜到饱和。第 2 d 将烘箱温度升至 60℃，待石蜡完全融化后，将瓶内二甲苯和石蜡液体倒出，换入纯石蜡液体，置于 60℃烘箱继续渗透，重复 3 次，每次 1 h，直至无二甲苯气味。

5. 包埋

将适量融化的石蜡加入包埋模具中，镊子用酒精灯烧热后迅速夹取根瘤放入模具，调整位置，继续添加石蜡至完全包埋住样品，蜡块冷却凝固后即可拿出，去除多余的石蜡。

6. 切片

将包埋好的蜡块用刀片修成规则的长方体，用烧热的刀片融化塑料底座上的石蜡，迅速将蜡块固定于底座，调整好位置，以便切片，待石蜡冷却凝固后，固定塑料底座于切片机上。调整切片厚度为 30 μm，进行切片，期间调整蜡块与刀位置，使切片连续且完整。切到根瘤时，再调整切片厚度为 10 μm。

7. 展片

在载玻片上滴加适量蒸馏水，选取连续且根瘤完整的切片平铺在水面上，光滑面朝下，置于 42℃展片机上过夜。

8. 脱蜡

在 TO 型生物制片透明剂中脱蜡五次，每次 5 min，脱蜡后用蒸馏水冲洗。

（二）根瘤石蜡切片铁染色（Perls–DAB 染色）

1. 染色

用 Perls 染色液室温下孵育切片 45 min。

2. 增强染色

切片用 1× 磷酸盐缓冲液洗涤 3 次，在阻断剂溶液中孵育 1 h，再用 1× 磷酸盐缓冲液洗涤 3 次，然后把切片放在 DAB 强化液中孵育 30 min。

3. 终止反应

用蒸馏水冲洗，终止反应后盖上盖玻片。

4. 用光学显微镜进行观察以及拍照。

五、结果观察

六、实验报告与思考题

1. 实验报告

根据实际所做内容撰写。图 4–14 显示了大豆根瘤细胞的结构及根瘤细胞内铁的染色，图中心为固氮活性区，中间棕褐色颗粒为染色的铁。

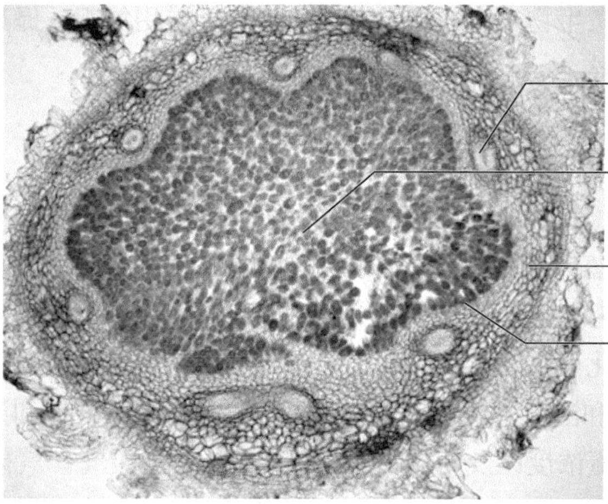

图 4–14　大豆根瘤及细胞内铁的染色（陈志长教授供图）

2. 思考题

从脱水、透明、浸蜡与组织包埋、二氨基联苯胺的溶解效果等方面讨论影响石蜡切片质量的因素。

数字课程学习

- 实验要点与注意事项
- 推荐阅读

实验 2　土壤硝化速率与氨氧化微生物丰度的测定

一、实验目的

土壤硝化作用是铵态氮在氨氧化微生物的作用下转化为亚硝态氮，后者在亚硝化微生物的作用下迅速转化成硝态氮的过程。土壤硝化作用是氮循环中连接生物固氮和反硝化作用的重要中间过程，它不仅直接影响土壤供氮状况，而且与过度施肥引起的土壤酸化、硝态氮淋失、水体污染和温室气体排放等一系列生态问题密切相关。

当土壤通气状况良好时硝化作用的速度比较快，硝化作用产生的硝酸根离子（NO_3^-）是作物可以利用的一种重要氮源，但是由于硝酸根不易被土壤胶体所吸附，过多的硝态氮容易随降水或灌溉发生径流和淋洗而流失，这是氮素损失的重要途径。因此，在农业生产中已经开发出利用硝化抑制剂来控制土壤硝化作用的肥料增效剂，可以通过抑制氨氧化细菌中氨单加氧酶的活性来控制硝化过程。本实验学习土壤硝化速率、

N_2O 排放速率以及相应功能微生物丰度的测定方法，为合理施用氮肥、提高作物氮素利用率提供理论依据和实践指导。

二、实验原理

硝化速率测定的原理：把铵态氮与土壤共培养一段时间后采集土壤样品，用氯化钾提取土壤的无机氮，先加碱蒸馏出氨，再加入还原剂把硝态氮和亚硝态氮还原为氨，再加碱蒸馏，基于铵态氮和硝态氮浓度随时间的变化，计算硝化速率。

N_2O 排放速率以及氨氧化微生物丰度的测定原理：把一定量的铵态氮肥、硝化抑制剂与土壤混合后在设定温度和湿度条件下培养，间隔一段时间采集气体和土壤样品，测定顶空气体 N_2O、土壤无机氮浓度以及相应氨氧化微生物丰度的变化。气体 N_2O 排放速率的测定主要是基于密闭气室 – 气象色谱法，通过测定特定时间段内容器顶空 N_2O 浓度随时间变化的速率，可计算得出 N_2O 的排放速率。氨氧化功能微生物的丰度定量主要是基于功能基因的实时荧光定量 PCR 法，即先通过特定的土壤 DNA 提取试剂盒提取获得土壤 DNA，然后利用氨氧化微生物（AOA 和 AOB）对应的特异性引物进行定量 PCR 反应，基于目的基因标准品的标准曲线，即可计算得到相应氨氧化微生物的拷贝数（丰度）。

三、实验材料、试剂与器具

1. 材料

新鲜土壤。

2. 试剂

（1）2 mol/L KCl 溶液

称取 149 g KCl，加去离子水溶解并定容至 1 L。

（2）Zn–$FeSO_4$ 混合还原剂

称取 $FeSO_4 \cdot 7H_2O$ 50 g、Zn 粉 10 g，磨细过 60 目筛，放入棕色瓶中备用。

（3）10 mol/L NaOH

称取 NaOH 400 g 溶解在 800 mL 左右的去离子水中，冷却后定容至 1 L，保存在塑料瓶中备用。

（4）甲基红 – 溴甲酚绿指示剂

分别称取 0.066 g 甲基红、0.033 g 溴甲酚绿，溶解在 95% 乙醇中。

（5）20 g/L 硼酸吸收液

称取硼酸 20 g 溶解在 200 mL 95% 乙醇中，加入 700 mL 去离子水、甲基红 – 溴甲酚绿指示剂 20 mL，混匀后用 0.05 mol/L NaOH 调节 pH 至 5.0，最后用去离子水定容至 1 L。此试剂现用现配，不宜久放。

（6）硫酸标准溶液（0.05 mol/L）

量取 15 mL 浓硫酸，缓慢注入 1 000 mL 去离子水中，冷却后用标准碱标定备用，滴定时稀释 10 倍。

（7）DNA 提取试剂盒

（8）其他试剂

MgO。

3. 仪器

恒温培养箱、分析天平、真空－换气装置、恒温振荡仪、蒸馏仪、微量分光光度计、高速离心机、荧光定量 PCR 仪、气相色谱分析仪（GC–ECD）、涡旋仪。

4. 用具

半微量滴定管、三角瓶、广口瓶、封口膜、注射器、移液器、离心管。

四、实验步骤

（一）土壤培养

称取相当于 20 g 干土样的新鲜土壤置于 250 mL 三角瓶内，瓶内加入 7 mL 20 mmol/L 的硫酸铵溶液（相当于田间 225 kgN · hm[2] 的施氮量），调节土壤湿度至 60% 田间持水量，不加氮肥的为对照处理，其余的两个处理分别为加肥料、加肥料与硝化抑制剂。然后立即用封口膜封好瓶口，扎 3 个孔，保证通气，30℃恒温培养，每隔 3 ~ 4 d 补充一次水分，以补充因蒸发引起的水分损失，保证培养瓶内的水分不发生变化。通过间隔一段时间或培养一段时间后采集顶空气体测定 N_2O 浓度变化、采集土壤样品测定铵态氮和硝态氮加亚硝态氮的含量，对相应氨氧化微生物的丰度进行定量，实验流程如图 4–15 所示。

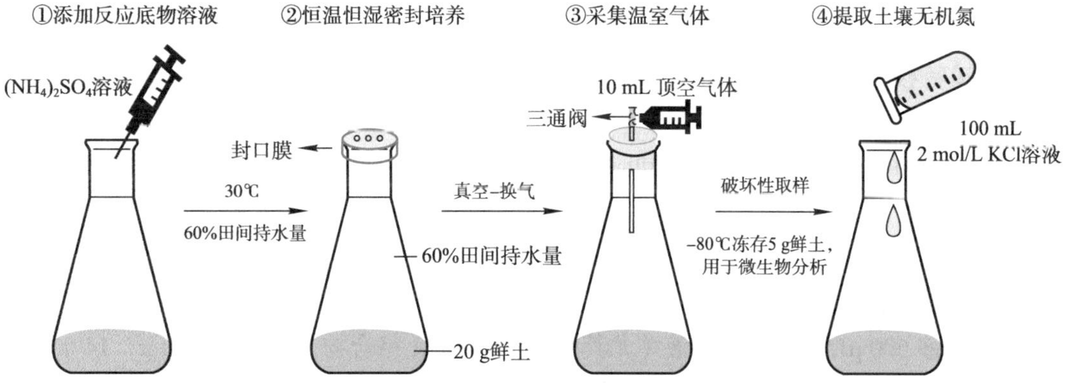

图 4–15　土壤硝化速率测定流程示意图

（二）土壤 N_2O 排放速率测定

每次采集气体样品前先去掉三角瓶的封口膜，盖紧硅橡胶塞并用封口膜以密封瓶口，于真空－换气装置上抽真空 1 min 后充入室内空气 1 min，重复 3 次，每次 2 min，使 N_2O 和 CO_2 浓度与大气浓度平衡，并采集培养瓶上部空气气体样本，作为初始气体浓度，记录采样时间。置于30℃恒温培养箱中培养4 h，然后用连有三通阀的10 mL一次性螺口式注射器采集第二针气体，并再次记录采样时间。每次抽取气样前用注射器反复抽提瓶内气体3次以混匀气体。所采取的气样直接用气相色谱分析仪（GC-ECD）测定其浓度。

（三）土壤样品铵态氮和硝态氮加亚硝态氮的提取与测定

气体采集之后将三角瓶中土壤搅拌均匀，取20 g混匀新鲜土样 -80℃冷冻用于后续微生物分析。按液土比5∶1量取100 mL KCl溶液加入250 mL三角瓶中，于25℃、250 r/min恒温振荡1 h，过滤。取滤液10～20 mL移入蒸馏仪内，加入MgO 0.2 g立即开始蒸馏，用20 g/L硼酸吸收液吸收蒸馏出来的氨，蒸馏速度以6～8 mL/min为宜，待蒸馏液达30 mL即可。在同一份剩余蒸馏液中加入Zn-$FeSO_4$混合还原剂0.2 g，使蒸馏液中的硝态氮和亚硝态氮还原为铵态氮。另取一份20 g/L硼酸吸收液吸收再蒸馏出来的氨，以计算硝态氮和亚硝态氮的氨吸收量。用硫酸标准溶液分别滴定两份吸收液，颜色由绿色转变为淡红色即为滴定终点。

（四）土壤DNA提取和氨氧化微生物丰度测定

使用DAN试剂盒提取土壤中的DNA，按照试剂盒指导说明书的步骤操作，具体如下：

1. 用天平称0.5 g土样置于Lysing Matrix E tube。

2. 用1 mL移液器加0.978 mL Sodium Phosphate Buffer于Lysing Matrix E tube（含裂解基质裂解细胞）；用100 μL移液器加0.122 mL MT Buffer；FastPrep Instrument裂解40 s，速度6.0。

3. 14 000 *g*高速离心15 min（一般是5～10 min，时间延长有助于提取出大量残留物）；在此期间可准备对应数量的无菌的2 mL离心管，写好对应编号；离心结束，将上清液直接转移至离心管中，用1 mL移液器加250 μL PPS Solution，手动摇10次，以去除蛋白质。

4. 14 000 *g*高速离心5 min，同时准备对应数量的无菌的2 mL离心管，写好对应编号；离心结束，将上清液直接转移至离心管中，加入800 μL Binding Matrix。

5. 涡旋仪上摇2 min，而后静置3 min；把离心管盖打开（注意防止扰动底部），用1 mL移液器吸去500 μL上清液。

6. 转移600 μL剩余的混合液（尤其是底部的DNA络合物）于SPIN Filter，14 000 *g*高速离心1 min，离心结束，将离心管底部的液体倒掉，继续将剩余的混合液转移至SPIN Filter，高速离心1 min，清空离心管底部液体，直至将混合液转移完为止。

7. 加500 μL SEWS-M（事先加100 mL无水乙醇），用移液器反复吹打、混匀。

8. 14 000 *g*高速离心1 min，离心结束，清除离心管内的液体，空离心管14 000 *g*高速离心2 min；离心结束后，将带有漏斗的小杯子转移至干净的离心管，室温下空气干燥5 min。

9. 加入 50 ~ 100 μL（一般 60 μL）DES 于白色物质上，尽量保证液体浸润白色物质，于 55℃加热 5 min（可采用气浴水浴，避免过度溶解）。

10. 14 000 *g* 高速离心 1 min，离心结束，将离心管底部的液体转移至干净的离心管中。

提取后，使用微量分光光度计（NanoDrop 2000）测定 DNA 浓度，并对提取效果进行初步评价。土壤氨氧化微生物的丰度通过功能基因（AOA-*amoA* 和 AOB-*amoA*）的拷贝数实时荧光定量的方法予以测定，具体的引物和反应条件如表 4-10 所示。实验使用的荧光定量 PCR 仪是 CFX96。具体的 PCR 反应体系如下：12.5 μL 的 SYBR Green Ⅰ荧光染料，上、下游引物（0.2 mmol/L），DNA 样品 5 μL，用无菌水补齐体积至 25 μL。加样前，DNA 样品稀释了 20 倍，以消除腐殖酸等杂质的影响。实验中的扩增效率要求达到 90% ~ 110%，标准曲线的 $R^2 > 0.99$。本实验中使用的标准质粒是利用土壤样品 DNA 扩增后克隆获得，也可以直接通过基因合成获得。

表 4-10　AOA-*amoA* 和 AOB-*amoA* 实时荧光定量 PCR 所用引物和反应条件

目的基因	引物名称	序列信息	反应条件
AOA-*amoA*	Arc h-amoAF	STAATGGTCTGGCTTAGACG	95℃、5 min；30 个循环，94℃、45 s，
	Arc h-amoAR	GCGGCCATCCATCTGTATGT	53℃、60 s，72℃、60 s，72℃、15 min
AOB-*amoA*	amoA-1F	GGGGTTTCTACTGGTGGT	95℃、5 min；40 个循环，95℃、30 s，
	amoA-2R	CCCCTCKGSAAAGCCTTCTTC	55℃、60 s，72℃、60 s，72℃、15 min

五、结果计算

1. N_2O 排放速率计算

根据密闭 4 h 前后测定的三角瓶内气体 N_2O 浓度差值计算 N_2O 排放速率。计算公式如下：

$$F = \frac{dc}{dt} \times \frac{M}{V_m} \times V \times \frac{273}{273+T} \times \frac{1}{m}$$

式中，*F* 为气体的排放速率［$\mu g\ N/(kg^{-1} \cdot h^{-1} N_2O\text{-}N)$］；*dc/dt* 为单位时间内培养瓶内气体浓度增加量［μg/（g · h）］或［mg/（kg · h）］；V_m 为气体的摩尔体积（22.4 L/mol）；*M* 为摩尔质量（28 g/mol N_2O-N）；*V* 为三角瓶中气体的有效空间体积（L）；*T* 为培养温度（℃）；*m* 为培养瓶中烘干土的质量（kg）。

2. 土壤无机氮含量计算

$$N = (V - V_0) \times c \times 14.01 \times ts/m \times 0.001$$

式中，*N* 为铵态氮（或硝态氮）和亚硝态氮的质量分数（mg/kg）；*V* 为滴定施入硫酸铵土壤硼酸吸收液所消耗标准酸的体积（mL）；V_0 为滴定对照组土壤硼酸吸收液所消耗标准酸的体积（mL）；*c* 为标准硫酸的摩尔浓度（mol/L）；14.01 为氮的摩尔质量（g/mol）；

ts 为分取倍数；*m* 为称取的土壤质量（g）。*

2. 硝化速率计算

$$V = N_n / t$$

式中，*V* 为硝化速率[mg/（kg · d）]；N_n 为土壤中硝态氮和亚硝态氮的质量分数（mg/kg）；*t* 为培养时间或取样时间（d）。

3. 硝化百分率计算

$$P = N_n / N_i \times 100$$

式中，*P* 为硝化百分数（%）；N_n 为土壤中硝态氮和亚硝态氮的质量分数（mg/kg）；N_i 为土壤中无机氮的质量分数，即土壤中铵态氮、硝态氮、亚硝态氮的质量分数之和（mg/kg）。

4. 氨氧化微生物丰度计算

$$\omega = \frac{(Q \times D_r \times V_d)}{m}$$

式中，ω 为每克干土样的功能基因拷贝数；*Q* 为基于标准质粒所获得标准曲线计算得到的每微升实验样本的目的基因数量；D_r 为用于荧光定量 PCR 的样本 DNA 的稀释倍数；V_d 为提取土壤 DNA 时加入的用以溶出 DNA 的 DES 溶液的体积；*m* 为土壤质量（g，以干土计）。

六、实验报告与思考题

1. 实验报告

按照实际所做内容撰写。

2. 思考题

（1）查阅文献，设计一个不同氮肥施用量、不同硝化抑制剂条件对土壤硝化作用影响的研究性实验。

（2）从土壤均一性和实验条件的控制等方面，谈谈减小本次实验误差的方法有哪些。

数字课程学习

- 实验要点与注意事项
- 推荐阅读

* 土壤全氮含量测定的详细实验步骤可参见鲍士旦主编的《土壤农化分析》。

实验 3　土壤中磷的分级测定

一、实验目的

磷素是植物生长发育必不可少的大量元素之一，具有重要的营养和生理功能。植物可吸收利用的磷主要来源于土壤，农业生产中磷肥的施用在带来巨大效益的同时也增加了土壤中磷的累积，改变了土壤不同赋存形态磷的含量、迁移转化以及有效性，土壤磷通过径流及渗漏向水环境释放的风险也随之增加。

土壤中磷的赋存形态可分为有机磷（Organic P，Po）和无机磷（Inorganic P，Pi）两大类，了解土壤中磷的形态对于研究磷的环境化学行为至关重要。目前土壤磷形态分级多是围绕磷的化学分组展开，经历了研究无机磷分级、有机磷分级，到无机磷和有机磷相结合的土壤磷素分级过程。Hedley 等在 1982 年提出的土壤磷形态分级方法目前应用较广。该方法主要利用不同浸提剂将土壤磷素分为树脂交换态磷（Resin–P）、$NaHCO_3$ 提取态磷（$NaHCO_3$–P）、土壤微生物量磷（MBP）、NaOH 提取态磷（NaOH–P）、团聚体内磷、磷灰石型磷（HCl–P）以及残留态磷（Residual–P）（图 4–16）。

本实验学习土壤磷不同赋存形态的分级方法，了解磷肥施入土壤后形态转化以及不同磷组分的特性，以科学地认识利用土壤磷，防止过量施用磷肥，降低土壤磷流失对环境的污染风险。

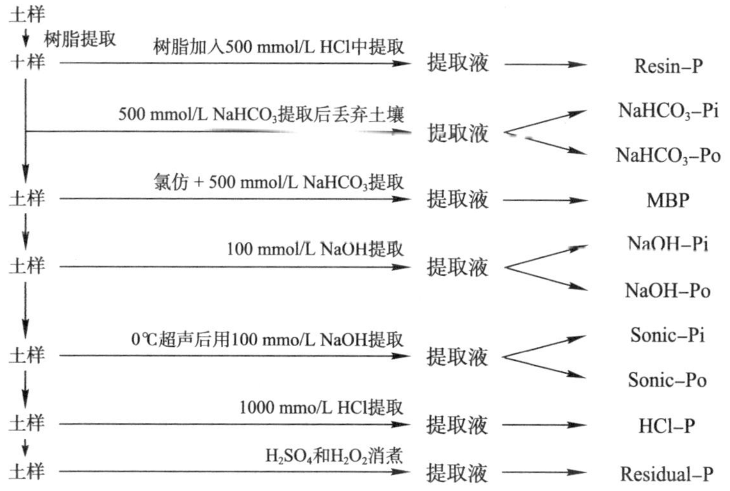

图 4–16　Hedley 土壤磷形态分级方法

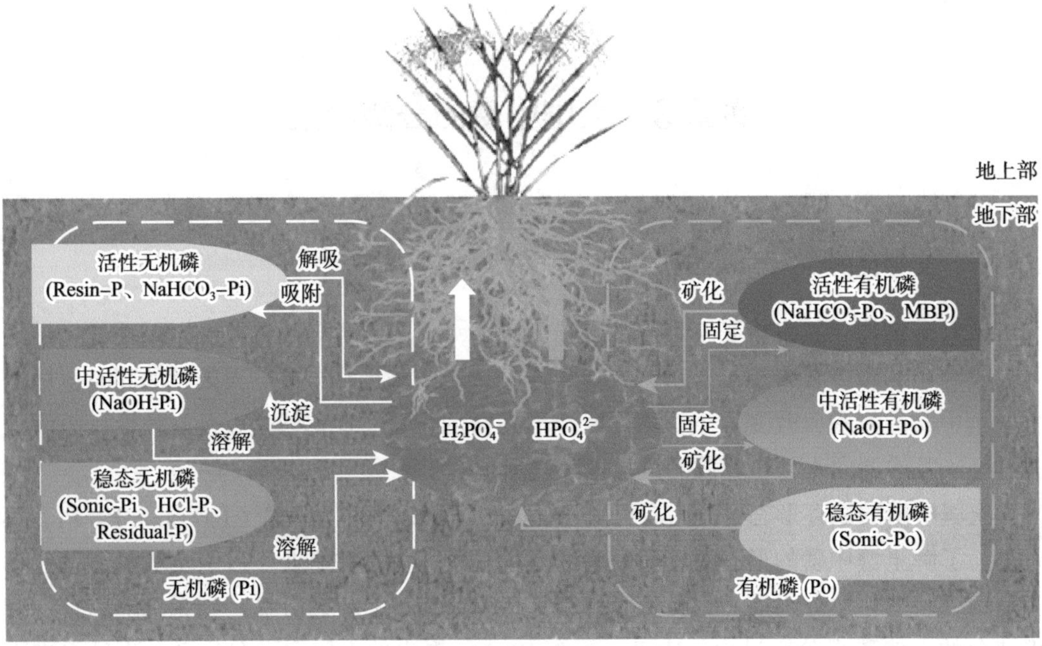

图 4–17　土壤不同形态磷组分间的转化（汪玉实验室供图）

二、实验原理

利用不同化学浸提剂的特性把不同形态的磷逐级分离，按顺序提取。其中树脂交换态磷、$NaHCO_3$ 提取磷及土壤微生物量磷为土壤活性磷组分；NaOH 提取磷为土壤中活性磷组分；土壤团聚体内磷、磷灰石型磷及残留态磷为土壤稳态磷组分。不同形态的磷之间可以互相转化，转化过程如图 4–17 所示。

三、实验材料、试剂与器具

1. 材料

风干土壤样品（过 100 目，即 0.15 mm），树脂。

2. 试剂

（1）0.5 mol/L HCl 溶液

取 44.25 mL 浓 HCl（分析纯），加入约 800 mL 去离子水中，稀释定容至 1 L。

（2）0.5 mol/L $NaHCO_3$ 溶液（pH 8.5）

称取 42.0 g $NaHCO_3$（分析纯），溶于约 800 mL 去离子水中，稀释至约 990 mL，用 4.0 mol/L NaOH 溶液调节 pH 至 8.5，最后稀释至 1 L。

（3）0.1 mol/L NaOH 溶液

称取 4.0 g NaOH（分析纯），溶于约 800 mL 去离子水中，冷却后稀释定容至 1 L。

（4）1.0 mol/L HCl 溶液

取 88.5 mL 浓 HCl（分析纯），溶入约 800 mL 去离子水中，定容至 1 L。

（5）0.9 mol/L H_2SO_4 溶液

取 100 mL 浓 H_2SO_4（分析纯），溶于约 800 mL 去离子水中，稀释定容至 1 L。

（6）其他试剂

过硫酸铵［$(NH_4)_2S_2O_8$］、沸石、去乙醇氯仿、H_2O_2、浓 H_2SO_4。

3. 仪器

高速冷冻离心机、往复振荡箱、电热板、分析天平、pH 计、通风橱。

4. 用具

50 mL 离心管、0.45 μm 滤膜、弯颈漏斗、三角瓶。

四、实验步骤

（一）土壤活性磷组分分级

1. 树脂交换态磷

称取两份过 100 目筛（孔径 0.15 mm）的风干土 0.500 g，分别置于 50 mL 离心管中。样品①用于提取 $NaHCO_3$ 提取态磷（$NaHCO_3$–P），样品②用于提取土壤微生物量磷（MBP），两份样品分别加入 1 g 树脂和 30 mL 去离子水，振荡 16 h。取出树脂，用去离子水将树脂附着的土壤冲洗至离心管中。将冲洗后的树脂置于 50 mL 离心管中，加入 20 mL 0.5 mol/L HCl，静置 1 h 以排气，然后振荡 16 h。上清液过滤膜，用钼蓝法测定磷含量*。

2. $NaHCO_3$ 提取态磷

将浸提过树脂交换态磷的土样离心，弃上清液，一份土壤样品加入 30 mL 0.5 mol/L $NaHCO_3$ 溶液，振荡 16 h，离心。取上清液过滤膜，钼蓝法比色测定 $NaHCO_3$–Pi，剩余部分上清液过滤膜，消煮后测定碳酸氢钠提取态全磷（$NaHCO_3$–Pt）*，两者差值为 $NaHCO_3$–Po。

3. 土壤微生物量磷

将浸提过树脂交换态磷的土样离心，弃上清液，加入 1 mL 去乙醇氯仿（用去离子水洗涤氯仿中的乙醇），静置 1 h，取出于通风橱中放置过夜以蒸发氯仿，加入 30 mL 0.5 mol/L $NaHCO_3$ 溶液，振荡 16 h，离心。上清液过滤膜，消煮后用钼蓝法测定，测定值与 $NaHCO_3$–Pt 的差值为土壤微生物量磷。

4. NaOH 提取态磷

向浸提过微生物量磷的土样中加入 30 mL 0.1 mol/L NaOH 溶液，振荡 16 h，离心。取上清液过滤膜，钼蓝法比色测定（NaOH–Pi），剩余部分上清液过滤膜，消煮后测定全磷（NaOH–Pt），两者差值为 NaOH–Po。

* 测定方法参考鲍士旦主编的《土壤农化分析》。

5. 团聚体内磷

浸提过 NaOH 提取态磷的土样加入 20 mL 0.1 mol/L NaOH 溶液，于 0℃超声 2 min 使土壤团粒分散，再加入 10 mL 0.1 mol/L NaOH 溶液（使得提取液总体积为 30 mL），振荡 16 h，离心。部分上清液过滤膜，钼蓝法测定团聚体有机磷（Sonic–Pi），剩余部分上清液过滤膜，消煮后测定（Sonic–Pt），两者差值为团聚体有机磷（Sonic–Po）。

6. 磷灰石型磷

浸提过团聚体内磷的土样加入 30 mL 1 mol/L HCl 溶液，振荡 16 h，离心，上清液过滤膜用钼蓝法测定。

7. 残留态磷

将浸提过磷灰石型磷的土样用少量去离子水转移至 50 mL 三角瓶中，加入 5 mL 浓 H_2SO_4 和几颗沸石，瓶口放置弯颈漏斗，放置过夜。置于电热板加热消煮 30 min，稍冷后逐滴加入 10 滴 H_2O_2，再次加热 30 min。以此步骤反复加入 H_2O_2，直至液体澄清，最终加热 10 min 以除尽多余的 H_2O_2。消煮液冷却后，用少量去离子水冲洗弯颈漏斗，洗液洗入瓶中。定容摇匀，放置过夜，上清液过滤膜后用钼蓝法测定。

Pt 消煮：取 10 mL 提取液于 50 mL 三角瓶中，提取液中加入 0.5 g 过硫酸铵和 10 mL 0.9 mol/L H_2SO_4。置于电热板上加热消煮，待三角瓶中剩余少量溶液，消煮液冷却后，加入 10 mL 去离子水溶解，用钼蓝法测定。

五、结果计算

计算土壤中不同形态磷的含量。

六、实验报告与思考题

1. 实验报告

分析土壤中磷的不同赋存形态的分级原理。

2. 思考题

（1）土壤磷的形态分级对于指导农业生产有何意义？

（2）查阅文献，了解土壤磷形态分级的其他方法。

数字课程学习

- 实验要点与注意事项
- 推荐阅读

实验 4 根际土壤全氮、有效磷和速效钾的测定

一、实验目的

利用根盒法进行植物根际微域研究是植物营养学中常用的研究方法之一，该方法可以直观有效地反映距植物根系不同距离养分含量的状况，有助于深刻理解根系对养分的实际吸收状况。本实验利用根盒法研究不同根际土壤氮、磷、钾含量的变化，为了解根系对土壤养分的吸收规律，指导农业生产合理施肥提供一定的参考。

二、实验原理

根盒由有机玻璃制成，用 300 目尼龙网将根盒隔成根室和两个体积相同的外室。植株种植于根室中，网的作用是限制根系在根室内生长，而水分和养分则可以穿过尼龙网在根室与外室间运输，采用冷冻切片法可按研究需要将冷冻后的根室内距离根不同距离的土壤进行切片，从而研究植物根际微域土壤的营养状况。

三、实验材料、试剂与器具

1. 材料

小青菜、油菜等的种子若干，新鲜土样。

2. 试剂

NH_4Cl、P_2O_5、K_2SO_4 肥料若干。

3. 仪器

分析天平、紫外 – 可见分光光度计、火焰光度计。

4. 用具

根盒（规格如图 4–18）、切片工具、液氮。

四、实验步骤

1. 肥料装盒

把研磨好的土样与肥料（NH_4Cl、P_2O_5、K_2SO_4）混匀后，装入根盒内，先将 300 g 土同时装入两个外室，再将 90 g 土装入内室。装好之后，将土压实。

2. 播种

将发芽率大于 80% 的植物（小青菜、油菜等）种子播入根室内。

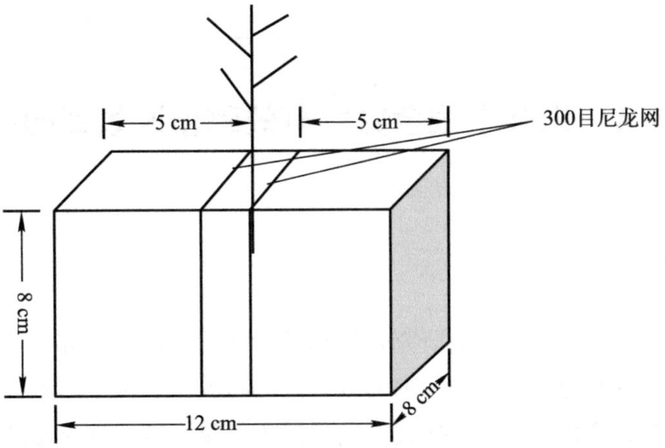

图 4–18　根盒构造示意图

3. 幼苗管理

播种后向两外室内各加入 85 mL 去离子水，根室内加入 30 mL 去离子水，用天平称重并做好记录。出苗后间苗，保持合适的株距。每天按土壤失水重补加去离子水。

4. 冷冻切片

将液氮小心加入根盒内，待土壤变成半坚硬状态时，将两外室沿连接处掰开。将准备好的插片沿根盒外侧插入，把根盒内侧的土挤出，然后用切片刀将被挤出的土整齐切掉，以获得距根系不同距离的土壤样品（插入一块插片就获得距根系 2 mm 的根际土壤，再插入一块插片就获得距根系 4 mm 的根际土壤，依此类推）。根室内的土壤取出后将所有根系小心挑出，保存备用。所剩余土壤作为根系土壤。将切好的土壤作为待测样品，收集土样保存，用以分析距根系不同距离的土壤中全氮、有效磷和速效钾含量，测定方法可参考鲍士旦主编的《土壤农化分析》。

五、结果计算

土壤全氮、有效磷和速效钾含量计算可参考鲍士旦主编的《土壤农化分析》。

六、实验报告与思考题

1. 实验报告

按照实际所做内容撰写。

2. 思考题

对同一作物来说，距离根系不同距离的土壤全氮、有效磷和速效钾含量变化有何特点？

数字课程学习

● 实验要点与注意事项　　● 推荐阅读

实验 5 木霉固体发酵高效产孢及其植物促生实验

一、实验目的

霉菌（*Trichoderma* spp.）是农业生态系统中分布广泛的植物根际促生菌（plantgrowth promoting rhizosphere，PGPR），可以入侵并定殖于植物根部，显著促进植物根系发育和地上部的生长与开花，从而提高作物产量。外源施根际有益菌，能够增加土壤中有益菌数量，通过微生物强烈的生理代谢活动改善土壤营养条件，加快土壤有机质的降解，形成良好的团粒结构，降低土壤容重，增加通气性，活化土壤中难以被植物吸收的养分，促进植物生长，而且植物根系能够产生许多次级代谢产物（蛋白酶、有机酸、生长调节剂、铁载体等），促使有机物和养分的转化利用，直接或间接地促进植物生长。根际微生物制备的生物有机肥兼具生物肥和有机肥的双重性能，不仅能够为植物提供养分，还能改善土壤，施用生物有机肥是一种能够部分替代化肥的可持续农业施肥模式。然而目前筛选根际有益微生物易受环境因素影响，出现存活率低、有效活菌数严重下降的现象，严重影响了生物有机肥、菌剂等微生物肥料功能的发挥。所以，亟需研发新型廉价的高品质生物有机肥。

本实验学习哈茨木霉生物有机肥的制备工艺与流程，了解不同肥料处理对黄瓜幼苗生长的影响，理解生物有机肥促进根系生长发育、提高作物产量和品质的原因。

二、实验原理

农用氨基酸含有丰富的蛋白质资源，能促进微生物菌剂的萌发和繁殖，以农业有机废弃物和农用氨基酸为营养基质和载体，通过固体发酵有效提高和优化木霉产孢能力，实现微生物在肥料中的高效存活，保证菌株在运输和存储过程保持活性状态以抵抗外界胁迫，提高作物抗病、促生及提高肥料利用率等。同时，在研究木霉固体浅层发酵高效产孢工艺基础上，将发酵产物制备成木霉生物有机肥并评估施用木霉生物有机肥对植物促生效果的影响等，为木霉生物有机肥的研制、生产和实际利用提供理论依据。

三、实验材料、试剂与器具

1. 材料

（1）菌株

贵州木霉（*T. guizhouense*）NJAU4742 菌株，由南京农业大学江苏省固体有机废弃物资源化利用重点实验室提供。

（2）肥料

牛粪有机肥；有机肥与木霉生物有机肥（由南京农业大学有机肥课题组研制）。

（3）植株

黄瓜幼苗。

2. 试剂

（1）营养液

1/4 霍格兰营养液，配制方法参考本书第二章。

（2）培养基

PDA 固体平板。

LB 培养基：含 10 g/L NaCl，5 g/L 酵母粉和 10 g/L 蛋白胨；

合成培养基：15 g 葡萄糖、0.2 g $MgSO_4 \cdot 7H_2O$、0.6 g K_2PO_4、0.15 g KCl、1 g NH_4NO_3、0.005 g $FeSO_4 \cdot 7H_2O$、0.006 g $MnSO_4 \cdot H_2O$、0.004 g $ZnSO_4 \cdot H_2O$、0.002 g $CoCl_2$，溶解后定容至 1 L。

（3）其他试剂

酸解氨基酸、玉米粉、75% 乙醇、0.1 mol/L KOH 溶液、2% NaClO 溶液。

3. 仪器

超净工作台、灭菌锅、培养皿、千分之一和万分之一天平、恒温培养箱、SPAD-502 叶绿素仪、根系扫描仪、显微镜、pH 计。

4. 用具

酒精灯、接种环、涂布棒、血细胞计数板、打孔器、周转箱、发酵盘。

四、实验步骤

1. 菌株孢子液的制备

取 −80℃保存于甘油管内的 NJAU4742 孢子液，吸取 2.5 μL 接种于 PDA 固体平板，活化 48 h 后，在萌发的菌落边缘用打孔器获取同样大小的菌块，分别接种在 PDA 固体平板中。28℃恒温培养 7 d 后，在平板中添加 10 mL 无菌水，用无菌的涂布棒刮洗平板制备孢子悬液，并用 4 层无菌纱布过滤菌体后，在显微镜下用血细胞计数板测定孢子悬液中的孢子含量。

2. 固体发酵产孢研究

将水稻秸秆自然风干后，粉碎过 0.5 ~ 1 cm 筛，并分别用稀释 20 倍、30 倍、40 倍、50 倍、60 倍的酸解氨基酸浸泡约 12 h，然后用 0.1 mmol/L KOH 溶液调节浸泡液 pH 至 2.5 ~ 3.5，静置 30 min，待 pH 稳定（固体基质 pH 约为 3.5）后立即取出秸秆并挤压去水，调节含水量至 75% ~ 80%。将浸泡好的水稻秸秆放入周转箱（20 cm × 10 cm × 5 cm）中，保持基质深度约为 10 cm，添加 10% 的玉米粉，向基质中接种 1×10^6 个 /mL 的木霉孢子量并搅拌均匀，28℃固体发酵 7 d，发酵期间保持基质含水量在 75%。

3. 木霉生物有机肥二次固体发酵

分别向腐熟的牛粪有机肥中添加不同体积的农用氨基酸水解液（0%、5%、10%、15%、20%、25%、30%），然后调节含水量至 45%、初始 pH 为 3.5 后装入发酵盘中并接种 1×10^6 孢子悬液，4 层纱布覆盖后置于 28℃恒温培养箱中进行浅层固体发酵至第 7 d。在腐熟牛粪有机肥中添加最佳比例的氨基酸水解液，待 pH 上升到 5.5 左右后接种 2% 木霉固体菌种（产孢量为 1.4×10^{10}/g），发酵 7 d。

4. 黄瓜幼苗培养

挑选籽粒饱满的黄瓜种子先用 75% 乙醇表面消毒 5 min，接着用 2% NaClO 溶液表面消毒 3 min，再用无菌去离子水漂洗 2 ~ 3 次，之后将消毒的种子置于含 1/4 霍格兰营养液的无菌装置中，30℃、暗处催芽 48 h，然后将无菌装置置于温室中培养，保持室温在 28 ~ 35℃，光照 14 h、黑暗 10 h 培养，相对湿度在 60% ~ 70%。待黄瓜出现两片子叶后移入含 1/4 霍格兰营养液的无菌三角瓶中继续培养。

5. 黄瓜盆栽实验

实验设置 3 个处理：① CK，纯牛粪肥料处理；② T1，有机肥处理；③ T2，哈茨木霉生物有机肥处理。每个处理设 8 个重复。实验于温室中进行，种植 30 d 后收获，测定黄瓜的生理指标。

6. 黄瓜幼苗接菌处理

黄瓜幼苗长至两片真叶后，无菌条件下，挑选长势一致的幼苗移入不同处理的 1/4 霍格兰营养液中，将 NJAU4742 的孢子（10^7 个萌发孢子 /mL）接种到不同处理中，使其最终浓度为 10^5 个 /mL。恒温条件下振荡培养（25℃，50 r/min）培养 5 d，每个处理 10 个重复。

7. 黄瓜植株生长指标的测定

测定叶面积、叶绿素的相对含量值、地上部与根系鲜重、根系活力、全氮、全磷、全钾含量。根系活力测定参见本书第九章，全氮、全磷、全钾含量测定参见本书第八章。

叶绿素含量用 SPAD-502 叶绿素仪测定，根系形态指标使用根系扫描仪扫描拍摄。

五、结果计算

采用血细胞计数板法计量孢子数：

$$孢子数/L = N/5\times25\times10\times10^6\times200$$

式中，N 为 5 个中方格的孢子总数。根系活力计算参见本书第九章，植株全氮、全磷、全钾含量计算参见本书第八章。

六、实验报告与思考题

1. 实验报告

按照实际所做内容撰写。图 4-19 显示不同有机肥处理对黄瓜幼苗生长的影响，可见施用哈茨木霉有机肥显著促进了黄瓜地上部和根系的生长，植株根系发达、长势较好，生物量和叶绿素含量均显著高于纯牛粪和有机肥处理（图 4–20）。

2. 思考题

（1）本实验过程中，为何真菌不直接接种菌丝体，而要以固体发酵的形式获得高含量的分生孢子？

（2）制备高品质的木霉型生物有机肥最关键的因素可能有哪些？

（3）为何施用富含木霉的生物有机肥可以显著提高植物的根系和地上部生物量？

图 4–19　不同有机肥处理对黄瓜生长的影响（刘东阳教授供图）

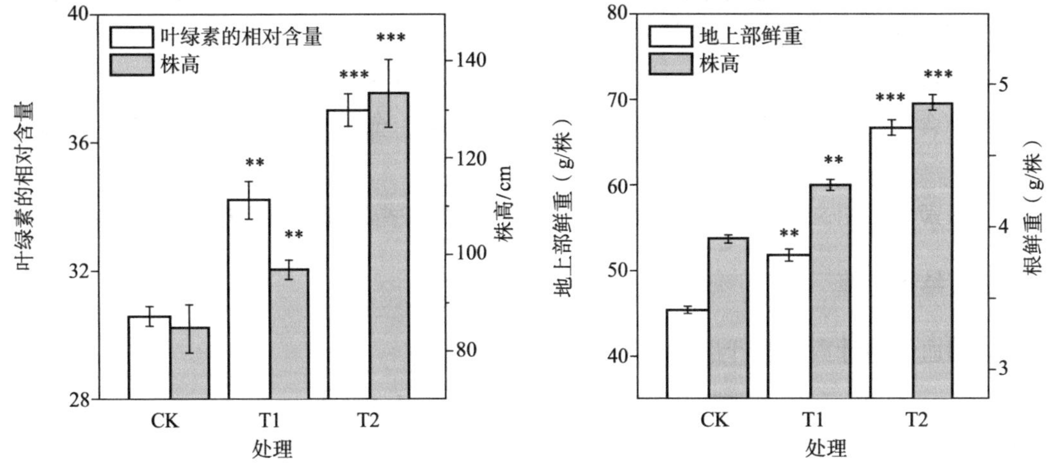

图 4–20　不同有机肥处理对黄瓜地上部和叶绿素含量的影响

数字课程学习

- 实验要点与注意事项
- 推荐阅读

主要参考文献

1. 鲍士旦 . 土壤农化分析 . 3 版 . 北京：中国农业出版社，2000.

2. 陈隆隆，潘振玉 . 复混肥料和功能性肥料分析测试与标准 . 北京：化学工业出版社，2008.

3. 贺立源，陈传友 . 土壤肥料化验室基础知识 . 北京：中国农业出版社，2009.

4. 胡霭堂，周立祥 . 植物营养学（下）. 2 版 . 北京：中国农业大学出版社，2003.

5. 胡慧蓉，田昆 . 土壤学实验指导教程 . 北京：中国林业出版社，2012.

6. 姜忠良，齐龙浩，马丽云，等 . 实验室安全基础 . 北京：清华大学出版社，2009.

7. 廖红，严小龙 . 高级植物营养学 . 北京：科学出版社，2003.

8. 林咸勇，倪吾钟 . 植物营养学实验指导 . 北京：中国农业出版社，2016.

9. 刘雪静 . 仪器分析实验 . 北京：化学工业出版社，2010.

10. 路建美，黄志斌 . 高等学校实验室环境健康与安全 . 南京：南京大学出版社，2013.

11. 陆景陵 . 植物营养学（上）. 2 版 . 北京：中国农业大学出版社，2002.

12. 马丽萍，曾向东，黄小凤，等 . 实验室废物处理处置与管理 . 北京：化学工业出版社，2020.

13. 毛达如 . 植物营养研究方法 . 北京：中国农业大学出版社，2000.

14. 强胜 . 植物学 . 2 版 . 北京：高等教育出版社，2017.

15. 上海植物生理学会 . 植物生理学实验手册 . 上海：上海科学技术出版社，1985.

16. 申建波，毛达如 . 植物营养研究方法 . 3 版 . 北京：中国农业大学出版社，2011.

17. 孙磊 . 植物营养学实验 . 北京：北京大学出版社，2012.

18. 王长利，马安洁，王立成 . 实验室安全手册 . 长春：吉林大学出版社，2009.

19. 王荣化，刘航空 . 园艺植物现代仪器操作技能实验指导 . 杨凌：西北农林科技大学出版社，2017.

20. 严小龙 . 根系生物学原理与应用 . 北京：科学出版社，2007.

21. 张行峰 . 实用农化分析 . 北京：化学工业出版社，2005.

22. 张英利，许安民，尚浩博，等 . AA3 型连续流动分析仪测定土壤和植物全氮的方法研究 . 西北农林科技大学学报（自然科学版）. 2006，31（6）：128–132.

23. 中国科学院生物物理研究所 . 开启创新之门——仪器和实验技术五十年发展纪实 . 北京：科学出版社，2012.

24. 祝优珍，王志国，赵由才 . 实验室污染与防治 . 北京：化学工业出版社，2006.

25. MENGEL K，KIRKBY E A. Principles of plant nutrition. 5th ed. Dordrectht：Springer Sience：Business Media，2001.

附 录

一、标准溶液的配制与标定

（一）0.1 mol/L HCl 或 0.05 mol/L H_2SO_4 标准溶液的配制与标定

1. 配制

取 9 mL 浓 HCl（密度 1.19 g/cm^2）或 3 mL 浓 H_2SO_4（密度 1.84 g/cm^2），分别小心注入 1 L 的去离子水中，冷却后备用。

2. 标定

（1）碳酸钠标定　先将一级或二级碳酸钠于 160℃烘 2 h 以上。精密称取烘干碳酸钠 0.160 0～0.240 0 g，分别置于 250 mL 三角瓶中，加入约 30 mL 去离子水，再加 1～2 滴甲基红－溴甲酚绿混合指示剂，用配制好的 0.1 mol/L HCl 或 0.05 mol/L H_2SO_4 滴定，待溶液由绿色变为紫红色，煮沸 2～3 min 除去 CO_2，继续滴定至溶液变为葡萄酒红色即为终点。同时做空白实验，由以下公式计算标准溶液的浓度，取 3 次实验结果的平均值。

$$\text{标准盐酸溶液的浓度（mol/L）}=\frac{2\times m\times 1\,000}{M\times（V-V_0）}=\frac{m}{0.053\,0\times（V-V_0）}$$

$$\text{标准硫酸溶液的浓度（mol/L）}=\frac{m\times 1\,000}{M\times（V-V_0）\times 2}=\frac{m}{0.053\,0\times（V-V_0）}$$

式中，m 为滴定所用碳酸钠的质量（g）；V 为标定所用标准溶液的体积（mL）；V_0 为空白实验所用标准溶液的体积（mL）；2 为盐酸与碳酸钠反应的摩尔比；M 为碳酸钠的分子量。

（2）硼砂标定　标定用的硼砂（$Na_2B_4O_7\cdot 10\ H_2O$）一般保存在干燥器的底部，放置氯化钠和蔗糖的饱和溶液，保持空气相对湿度在 60%～70%。精密称取 0.400 0～0.600 0 g 硼砂 3 份，分别置于 250 mL 三角瓶中，加入约 30 mL 去离子水，再加 1～2 滴甲基红－溴甲酚绿混合指示剂，用配制好的 0.1 mol/L HCl 或 0.05 mol/L H_2SO_4 滴定，待溶液变为酒红色即为终点。同时做空白实验，由以下公式计算标准溶液的浓度，取 3 次实验结果的平均值。

$$标准盐酸溶液的浓度（mol/L）=\frac{2\times m\times 1\,000}{M\times(V-V_0)}=\frac{m}{0.190\,7\times(V-V_0)}$$

$$标准硫酸溶液的浓度（mol/L）=\frac{m\times 1\,000}{M\times(V-V_0)}=\frac{m}{0.381\,4\times(V-V_0)}$$

式中，m 为滴定所用硼砂的质量（g）；V 为标定所用标准溶液的体积（mL）；V_0 为空白实验所用标准溶液的体积（mL）；2 为盐酸与硼砂反应的摩尔比；M 为硼砂的相对分子量。

（3）0.1 mol/L NaOH 标准溶液标定　吸取 25 mL 配制好的 0.1 mol/L HCl 或 0.05 mol/L H_2SO_4 溶液各 3 份，分别置于 250 mL 三角瓶中，加 1～2 滴 0.5% 酚酞指示剂，用一周内标定的 0.100 0 mol/L NaOH 标准溶液滴定，溶液由无色变为浅红色，30 s 内不褪色为终点。如果 NaOH 标准溶液的用量小于 25 mL，应重新量取 50 mL 配制好的 HCl 或 H_2SO_4 溶液重新滴定。由以下公式计算标准溶液的浓度，取 3 次实验结果的平均值。

$$标准盐酸溶液的浓度（mol/L）=\frac{c\times V_1}{V_2}$$

$$标准硫酸溶液的浓度（mol/L）=\frac{c\times V_1}{V_2\times 2}$$

式中，c 为 NaOH 标准溶液的浓度（mol/L）；V_1 为消耗 NaOH 标准溶液的体积（mL）；V_2 为吸取待测 HCl 或 H_2SO_4 溶液的体积（mL）；2 为 H_2SO_4 与 NaOH 反应的摩尔比。

（二）0.1 mol/L NaOH 标准溶液的配制与标定

1. 配制

NaOH 标准溶液中不可含有碳酸盐，一般先配制 500 g/L NaOH 溶液，然后稀释成所用浓度。称取 2 kg NaOH 于 3 L 硬质烧杯中，加入约 2 L 水，用玻璃棒小心搅拌，冷却后转入硬质玻璃试剂瓶中，密封后静置几天或一周，待析出的碳酸钠完全沉在瓶底，小心取出上层黏稠的 NaOH 溶液置于另一试剂瓶，密封，以防止吸入 CO_2。此溶液即为 500 g/L NaOH 溶液。

在 1 L 不含 CO_2 的去离子水中加入 5 mL 上述 500 g/L NaOH 溶液，保存在具塞的塑料瓶中，即为 0.1 mol/L 的 NaOH 溶液。

2. 标定

用邻苯二甲酸氢钾（$KHC_8H_4O_4$）标定。精密称取 110℃烘干的邻苯二甲酸氢钾 0.400 0～0.600 0 g 共 3 份，分别置于 250 mL 三角瓶中，溶解在 30 mL 不含 CO_2 的去离子水中，加 1～2 滴 0.5% 酚酞指示剂，用配制好的 0.1 mol/L NaOH 溶液滴定，溶液由无色变为浅红色，30 s 内不褪色为终点。同时做空白实验，由以下公式计算 NaOH 标准溶液的浓度，取 3 次实验结果的平均值。

$$NaOH标准溶液的浓度（mol/L）=\frac{2\times m\times 1\,000}{M\times(V-V_0)}=\frac{m}{0.204\,2\times(V-V_0)}$$

式中，m 为邻苯二甲酸氢钾的质量（g）；V 为滴定所用 NaOH 溶液的体积（mL）；V_0 为空白实验滴定所用的 NaOH 溶液的体积（mL）；M 为邻苯二甲酸氢钾的分子量。

（三）0.01 mol/L EDTA 标准溶液的配制与标定

1. 配制

先将 EDTA-Na_2 在 80℃干燥约 2 h，保存在干燥器中。称取 3.72 g EDTA-Na_2 溶解于 800 ~ 900 mL 去离子水中，定容至 1L，即为 0.01 mol/L EDTA 标准溶液。

2. 标定

（1）锌粒标定　先把一级或二级锌粒用 2 mol/L HCl 浸泡，吸取表面可能存在的 ZnO，用水洗去 HCl，再用乙醇和乙醚洗涤几次，干燥后备用。精密称取 0.330 0 g 锌粒于 400 mL 烧杯中，加入少量 6 mol/L HCl 溶解，盖上表面皿，微热溶解。用水洗掉表面皿上的液滴，洗入烧杯内，用去离子水定容至 500 mL。计算此溶液的浓度。

吸取 Zn 溶液 25 mL，置于 250 mL 三角瓶中，缓缓滴入 1∶1 氨水至出现 $Zn(OH)_2$ 白色沉淀，再加 10 mL pH 为 10.0 的氨缓冲液，加 20 mL 去离子水、少量铬黑 T 指示剂，用配制好的 EDTA 标准溶液滴定，溶液由酒红色变为纯蓝色，即为终点。同时做空白实验，由以下公式计算 EDTA 溶液的浓度，取 3 次实验结果的平均值。

$$\text{EDTA 标准溶液的浓度（mol/L）}=\frac{m\times 1\,000}{M\times(V-V_0)}=\frac{m}{0.065\,38\times(V-V_0)}$$

式中，m 为滴定所用 Zn 的质量（g）；V 为滴定所用 EDTA 标准溶液的体积（mL）；V_0 为空白实验滴定所用的 NaOH 体积（mL）；M 为 Zn 的分子量。

（2）碳酸钙标定　测定钙、镁用的 EDTA 标准溶液，可用碳酸钙标定以减小误差。精密称取一级或二级碳酸钙（在 110℃烘干）0.400 0 g，置于 400 mL 烧杯中，加入少量去离子水湿润，缓慢加入 1∶1 HCl 10 mL，盖上表面皿，微微加热以去除 CO_2，冷却后用去离子水定容至 500 mL。

吸取碳酸钙溶液 25 mL，置于 250 mL 三角瓶中，再加 20 mL pH 为 10.0 的氨缓冲液和少量铬黑 T 指示剂，用配制好的 EDTA 标准溶液滴定，溶液由酒红色变为纯蓝色为终点。同时做空白实验，由以下公式计算 EDTA 溶液的浓度，取 3 次实验结果的平均值。

$$\text{EDTA 标准溶液的浓度（mol/L）}=\frac{m\times 1\,000}{M\times(V-V_0)}=\frac{m}{0.100\,1\times(V-V_0)}$$

式中，m 为滴定所用 $CaCO_3$ 的质量（g）；V 为滴定所用 EDTA 溶液的体积（mL）；V_0 为空白实验滴定所用的 NaOH 体积（mL）；M 为 $CaCO_3$ 的分子量。

二、常见酸碱溶液的浓度、pH 标准溶液和缓冲液的配制方法

附表 1 常见酸碱溶液的浓度（近似值）

试剂名称	密度 /（$g \cdot cm^{-3}$）	质量分数 /%	物质的量浓度 /（$mol \cdot L^{-1}$）	配制 1 升 1 mol/L 溶液所需体积 /mL
浓盐酸（HCl）	1.19	38	12	86
浓硝酸（HNO_3）	1.41	68	16	63
浓硫酸（H_2SO_4）	1.84	98	18	56
浓高氯酸（$HClO_4$）	1.67	70	11.6	86
稀高氯酸	1.12	19	2	—
磷酸（H_3PO_4）	1.69	85	14.6	69
无水乙醇（HOAC）	1.05	99.5	17.4	58
稀乙酸	—	12	2	—
氨水（$NH_3 \cdot H_2O$）	0.90	27	14.3	70
稀氨水	—	3.5	2	—
氢氟酸（HF）	1.13	40	23	—
溴化氢（HBr）	1.38	40	7	—

附表 2 常见 pH 标准溶液

pH（25℃）	试剂	密度 /（$g \cdot L^{-1}$）	处理方法
1.46	草酸氢钾 [$KH_3(C_2O_4) \cdot 2H_2O$]	25.42	
4.01	苯二甲酸氢钾（$KHC_8H_4O_4$）	10.21	105℃，4 ~ 6 h
6.87	磷酸二氢钾（KH_2PO_4）	3.39	45℃，3 ~ 4 h
	磷酸氢二钠（Na_2HPO_4）	3.53	130℃，4 ~ 6 h
9.18	硼砂（$Na_2B_4O_7 \cdot 10\ H_2O$）	3.8	干燥器内 1 周

附表 3 柠檬酸 – 氢氧化钠 – 盐酸缓冲液配制方法

pH	Na^+ 浓度 / ($mol \cdot L^{-1}$)	柠檬酸 / g	NaOH/g	浓 HCl/mL	终体积 /L
2.2	0.20	210	84	160	10
3.1	0.20	210	83	116	10
3.3	0.20	210	83	106	10
4.3	0.20	210	83	45	10
5.3	0.35	245	144	68	10
5.8	0.45	285	186	105	10
6.5	0.38	266	156	126	10

注：配制完若 pH 有变化，可以用稀酸或稀碱调节 pH，冰箱保存。

附表 4 乙酸 – 乙酸钠缓冲液配制方法

pH (18℃)	0.2 mol/L NaAc/mL	0.3 mol/L HAc/mL	pH (18℃)	0.2 mol/L NaAc/mL	0.3 mol/L HAc/mL
2.6	0.75	9.25	4.8	5.90	4.10
3.8	1.20	8.80	5.0	7.00	3.00
4.0	1.80	8.20	5.2	7.90	2.10
4.2	2.65	7.35	5.4	8.60	1.40
4.4	3.70	6.30	5.6	9.10	0.90
4.6	4.90	5.10	5.8	9.40	0.60

附表 5 磷酸氢二钠 – 磷酸二氢钠缓冲液配制方法

pH	0.2 mol/L Na_2HPO_4/mL	0.3 mol/L NaH_2PO_4/mL	pH	0.2 mol/L Na_2HPO_4/mL	0.3 mol/L NaH_2PO_4/mL
5.8	8.0	92.0	6.2	18.5	81.5
5.9	10.0	90.0	6.3	22.5	77.5
6.0	12.3	87.7	6.4	26.5	73.5
6.1	15.0	85.0	6.5	31.5	68.5
6.6	37.5	62.5	7.4	81.0	19.0
6.7	43.5	56.5	7.5	84.0	16.0
6.8	49.5	51.0	7.6	87.0	13.0
6.9	55.0	45.0	7.7	89.5	10.5
7.0	61.0	39.0	7.8	91.5	8.5

续表

pH	0.2 mol/L Na_2HPO_4/mL	0.3 mol/L NaH_2PO_4/mL	pH	0.2 mol/L Na_2HPO_4/mL	0.3 mol/L NaH_2PO_4/mL
7.1	67.0	33.0	7.9	93.0	7.0
7.2	72.0	28.0	8.0	94.7	5.3
7.3	77.0	23.0			

附表 6　磷酸氢二钾－磷酸二氢钾缓冲液配制方法

pH	0.666 7 mol/L Na_2HPO_4/mL	0.666 7 mol/L KH_2PO_4/mL	pH	0.666 7 mol/L Na_2HPO_4/mL	0.666 7 mol/L KH_2PO_4/mL
4.92	0.10	9.90	7.17	7.00	3.00
5.29	0.50	9.50	7.38	8.00	2.00
5.91	1.00	9.00	7.73	9.00	1.00
6.24	2.00	8.00	8.04	9.50	0.50
6.47	3.00	7.00	8.34	9.75	0.25
6.64	4.00	6.00	8.67	9.90	0.10
6.81	5.00	5.00	8.18	10.00	0
6.98	6.00	4.00			

附表 7　硼酸－硼砂缓冲液配制方法

pH	0.05 mol/L 硼砂 /mL	0.2 mol/L 硼砂 /mL	pH	0.05 mol/L 硼砂 /mL	0.2 mol/L 硼砂 /mL
7.4	1.0	9.0	8.2	3.5	6.5
7.6	1.5	8.5	8.4	4.5	5.5
7.8	2.0	8.0	8.7	6.0	4.0
8.0	3.0	7.0	9.0	8.0	2.0

附表 8　磷酸氢二钠－柠檬酸缓冲液配制方法

pH	0.2 mol/L Na_2HPO_4/mL	0.1 mol/L 柠檬酸 /mL	pH	0.2 mol/L Na_2HPO_4/mL	0.1 mol/L 柠檬酸 /mL
2.2	0.40	10.60	5.2	10.72	9.28
2.4	1.24	18.76	5.4	11.15	8.85
2.6	2.18	17.82	5.6	11.60	8.40

续表

pH	0.2 mol/L Na_2HPO_4/mL	0.1 mol/L 柠檬酸 /mL	pH	0.2 mol/L Na_2HPO_4/mL	0.1 mol/L 柠檬酸 /mL
2.8	3.17	16.83	5.8	12.09	7.91
3.0	4.11	15.89	6.0	12.63	7.37
3.2	4.94	15.06	6.2	13.22	6.78
3.4	5.70	14.30	6.4	13.85	6.15
3.6	6.44	13.56	6.6	14.55	5.45
3.8	7.10	12.90	6.8	15.45	4.55
4.0	7.71	12.29	7.0	16.47	3.53
4.2	8.28	11.72	7.2	17.39	2.61
4.4	8.82	11.18	7.4	18.17	1.83
4.6	9.35	10.65	7.6	18.73	1.27
4.8	9.86	10.14	7.8	19.15	0.85
5.0	10.30	9.70	8.0	19.45	0.55

附表 9　Tris–HCl 缓冲液配制方法

pH	0.01 mol/L Tris/mL	0.1 mol/L HCl/mL	pH	0.01 mol/L Tris/mL	0.1 mol/L HCl/mL
7.1	50	45.7	8.1	50	26.2
7.2	50	44.7	8.2	50	22.9
7.3	50	43.4	8.3	50	19.9
7.4	50	42.0	8.4	50	17.2
7.5	50	40.3	8.5	50	14.7
7.6	50	38.5	8.6	50	12.4
7.7	50	36.6	8.7	50	10.3
7.8	50	34.5	8.8	50	8.5
7.9	50	32.0	8.9	50	7.0
8.0	50	29.2			

三、植物营养与肥料学科常用量的法定单位

附表 10　植物营养与肥料学科常用量和单位

序号	量的名称	符号	常用法定单位名称	单位符号	备注
1	长度 宽度 高度 厚度	*l*，*L* *b* *h* *d*	米	m	1 尺 =0.333 3 m 1 英尺（ft）=0.304 8 m 1 英寸（in）=25.4 mm
2	波长	λ	纳米	nm	1 埃 =0.1 nm
3	面积	*A*，（*S*）	平方米 公顷	m^2 hm^2	1 公顷（hm^2）=10^4 m^2 1 亩≈666.6 m^2=1/15 hm^2 1acre（英亩）=4 046.836 m^2=0.404 7 hm^2
4	体积	*V*	立方米 升 毫升	m^3 L（l） mL（ml）	1 L=10^{-3} m^3=1 dm^3 1 mL=10^{-5} m^3=1 cm^3 1 美加仑（gal）=3.785 L
5	质量	*m*	千克（公斤） 克 吨	Kg g t	1 t=10^3 kg=1 Mg 1 斤 =0.5 kg=500 g 1 磅（1 b）=0.453 6 kg 1 ton（美）=0.907 2 t
6	密度	ρ	千克每立方米	kg/m^3	
7	土壤容重	pb	克每平方厘米	g/cm^3	1 g/cm^3=Mg/m^3
8	产量		克每平方米	g/m^2	1 斤 / 亩 =7.5 kg/hm^2
9	施肥量		千克每公顷 吨每公顷	kg/hm^2 t/hm^2	1 吨 / 亩 =15 Mg/hm^2=15 t/hm^2 1 t/hm^2=2.242 Mg/hm^2
10	比表面积		平方米每千克 平方厘米每克	m^2/kg cm^2/g	1 cm^2/g=0.1 m^2/kg 1 mm^2/g=0.001 m^2/kg
11	半衰期	$T_{1/2}$	秒	s	
12	转速	*n*	每秒 转 / 秒 转 / 分	s^{-1} r/s r/min	1 rpm=1 r/min=（1/60）s^{-1}
13	力 重量	*F* *W* （*P*，*G*）	牛（顿）	N	1 dyn（达因）=10^{-5} N

续表

序号	量的名称	符号	常用法定单位名称	单位符号	备注
14	压力，压强 土壤水吸力 渗透压	p	帕[斯卡] 千帕[斯卡]	Pa kPa	1 Pa=1 N/m^2 1 bar（巴）=10^5 Pa=100 kPa=0.1 MPa 1 atm（标准大气压）=1.013×10^5 Pa=101.3 kPa
15	能量 功 热，热量	E $W(A)$ Q	焦[耳] 电子伏 千瓦时	J eV kW · h	1 eV=$1.602\,2\times10^{-9}$ J 1 kW · h=3.6 MJ 1 kg · fm（千克力米）=9.807 J 1 erg（尔格）=10^{-7} J 1 kcal（大卡，千卡）=4.186 8 kJ
16	功率	p	瓦[特]	W	1 [米制] 马力 =75 kgfm/s=735.5 W
17	体积流量 灌溉流量	q_v	立方米每秒 立方米每[小]时	m^3/s m^3/h	灌水量 1 hm^2 · m=10^4 m^3 1 arce · in=102.8 m^3 1 arce · ft=1 233 m^3 1 ft^3/s=101.9 m^3/h 1 gal/min（美加仑/分）=0.227 1 m^3/h
18	电导率	K，δ	西[门子]每米 分西[门子]每米 毫西[门子]每米	S/m DS/m mS/m	1 μS/cm=0.1 mS/m=0.001 dS/m 1 mmho/cm=1 mS/cm=1 dS/m=0.1 S/m
19	物质的量	n，(V)	摩[尔]	mol	1 克分子 H_2SO_4 应为 n（H_2SO_4）=1 mol 1 克当量 H_2SO_4 应为 $n[(1/2)(H_2SO_4)]$=1 mol 1 meq Ca^{2+} 应为 $n[(1/2)Ca^{2+}]$=1 mmol 或 $n(Ca^{2+})$=0.5 mmol
20	离子交换量	Q	摩（尔）每千克	mol/kg	交换性钙离子含量符号为 $Q[(1/2)Ca^{2+}]$
21	阳离子交换量	$Q+$	厘摩[尔]每千克	cmol/kg	
22	阴离子交换量	$Q-$	毫摩[尔]每千克	mmol/g	1 meq/100 g 应为 $Q_{+或-}$=1 cmol/kg
23	实际阳离子交换量	$Q_{+,E}$			
24	B 的质量浓度	ρ_B	千克每立方米 克每升 毫克每升	kg/m^3 g/L mg/L	1 ppm=1 μg/mL=1 mg/L 1 ppb=1 ng/mL=1 μg/L 1 ppt=1 pg/mL=1 ng/L
25	B 的质量分数	ω_B			1 mg/100 g=10 mg/kg=10^{-5} 1 ppm=1 μg/g=1 mg/kg=10^{-2} 1 ppb=1 ng/g=1 μg/kg=10^{-9} 1 ppt=1 pg/g=1 ng/kg=10^{-12}
26	体积分数	ϕ	毫升每升	mL/L	

附表 11 实验室标准筛孔

筛号	筛孔直径 /mm	筛号	筛孔直径 /mm	筛号	筛孔直径 /mm
2.5	8.00	16	1.19	70	0.21
3	6.72	18	1.00	80	0.177
4	4.76	20	0.84	100	0.149
5	4.00	25	0.71	120	0.125
6	3.36	30	0.59	140	0.105
7	2.83	35	0.50	170	0.088
8	2.38	40	0.42	200	0.074
10	2.00	45	0.35	230	0.062
12	1.68	50	0.30	270	0.053
14	1.41	60	0.25	325	0.044

四、常见化学肥料的组成成分及有机肥的养分含量

附表 12 主要化学肥料的组成及其成分

肥料名称		主要化合物	含量 /($g\cdot kg^{-1}$)	副成分	含量 ($g\cdot kg^{-1}$)
氮肥	硫酸铵	$(NH_4)_2SO_4$	205 ~ 212		
	氯化铵	NH_4Cl	250 ~ 260		
	硝酸铵	NH_4NO_3	320 ~ 348		
	碳酸氢铵	NH_4HCO_3	165 ~ 177		
	硝酸钠	$NaNO_3$	155 ~ 165		
	硝酸钙	$Ca(NO_3)_2$	100 ~ 171		
	液体氨	NH_3	823		
	氨水	$NH_3 \cdot H_2O$	150 ~ 206		
	尿素	$(NH_2)_2CO$	430 ~ 467		
	石灰氮	$Ca(CN)_2$	210		
磷肥	过磷酸钙		150 ~ 220	石膏	400 ~ 500
	重过磷酸钙		300 ~ 480		
	沉淀磷酸钙	$Ca(H_2PO_4)_2$	180 ~ 300		
	氨化过磷酸钙	$CaHPO_4 \cdot NH_4H_2PO_4 \cdot CaSO_4$	130	N	20
	钢渣磷肥	$Ca_4P_2O_9$	90 ~ 120		
	磷矿粉	$Ca_3(PO_4)_2$	12 ~ 110		
	钙镁磷肥	$CaO \cdot MgO \cdot SiO_2 \cdot P_2O_5$	170 ~ 210	MgO	120 ~ 200

续表

肥料名称		主要化合物	含量/(g·kg^{-1})	副成分	含量(g·kg^{-1})
钾肥	硫酸钾	K_2SO_4	450～540	MgO	60～160
	氯化钾	KCl	500～632		
	硫酸钾镁	$K_2SO_4 \cdot MgSO_4$	170～260		
	钾石盐	KCl · NaCl 及其他混合物	>140		
	钾泻盐	$KCl \cdot MgSO_4 \cdot 3H_2O$	100～120		

附表 13　常见有机肥的养分含量

名称		风干基			鲜基		
		N/%	P/%	K/%	N/%	P/%	K/%
粪便类	人粪	6.357	1.239	1.482	1.159	0.261	0.304
	猪粪	2.090	0.817	1.082	0.547	0.245	0.294
	猪尿	12.126	1.522	10.679	0.166	0.022	0.157
	猪粪尿	3.773	1.095	2.495	0.238	0.074	0.171
	马粪	1.347	0.434	1.247	0.437	0.134	0.381
	马粪尿	2.552	0.419	2.815	0.378	0.077	0.573
	牛粪	1.560	0.382	0.898	0.383	0.095	0.231
	牛尿	10.300	0.640	18.871	0.501	0.017	0.906
	牛粪尿	2.462	0.563	2.888	0.351	0.082	0.421
	羊粪	2.317	0.457	1.284	1.014	0.216	0.532
	鸡粪	2.137	0.879	1.525	1.032	0.413	0.717
	鸭粪	1.642	0.787	1.259	0.714	0.364	0.547
堆沤肥类	堆肥	0.636	0.216	1.048	0.347	0.111	0.399
	沤肥	0.635	0.250	1.466	0.296	0.121	0.191
	猪圈粪	0.958	0.443	0.950	0.376	0.155	0.298
	马厩肥	1.070	0.321	1.163	0.454	0.137	0.505
	牛栏粪	1.299	0.325	1.820	0.500	0.131	0.720
	羊圈肥	1.262	0.270	1.333	0.782	0.154	0.740

续表

名称		风干基			鲜基		
		N/%	P/%	K/%	N/%	P/%	K/%
秸秆类	水稻秸秆	0.826	0.119	1.708	0.302	0.044	0.663
	小麦秸秆	0.617	0.071	1.017	0.314	0.040	0.653
	大麦秸秆	0.509	0.076	1.268	0.157	0.038	0.546
	玉米秸秆	0.869	0.133	1.112	0.298	0.043	0.384
	大豆秸秆	1.633	0.170	1.056	0.577	0.063	0.368
	油菜秸秆	0.816	0.140	1.857	0.266	0.039	0.607
	花生秸秆	1.658	0.149	0.990	0.572	0.056	0.357
	马铃薯藤	2.403	0.247	3.581	0.310	0.032	0.461
	烟草杆	1.295	0.151	1.656	0.368	0.038	0.453
	甘薯藤	2.131	0.256	2.750	0.350	0.045	0.484
绿肥类	紫云英	3.085	0.301	2.065	0.391	0.042	0.269
	苕子	3.047	0.289	2.141	0.632	0.061	0.438
	豌豆	2.470	0.241	1.719	0.614	0.059	0.428
	蚕豆	2.392	0.270	1.419	0.473	0.048	0.305
	三叶草	2.836	0.293	2.544	0.643	0.059	0.589
	满江红	2.901	0.359	2.287	0.233	0.029	0.175
	水花生	2.505	0.289	5.010	0.342	0.041	0.713
	水葫芦	2.301	0.430	3.862	0.214	0.037	0.365
杂肥类	泥肥	0.239	0.247	1.620	0.183	0.102	1.530
	饼肥	0.428	0.519	0.828	2.946	0.459	0.677
	豆饼	6.684	0.440	1.186	4.838	0.521	1.338
	菜籽饼	5.250	0.799	1.042	5.195	0.853	1.116
	花生饼	6.915	0.547	0.962	4.123	0.367	0.801
	茶籽饼	2.926	0.488	1.216	1.225	0.200	0.845
	棉籽饼	4.293	0.541	0.760	5.514	0.976	1.243
	沼渣	12.924	1.828	9.886	0.109	0.019	0.088
	沼液	1.866	0.755	0.835	0.499	0.216	0.203

五、作物营养诊断

附表 14 作物营养诊断的采样方法

生育期	采样部位	采样植株数
谷类（包括水稻）		
苗期（株高小于 30 cm）	全部地上部分	
或抽穗以前	最上 4 片叶	50 ~ 100
抽穗以后	不再采样	
玉米		
苗期（株高小于 30 cm）	全部地上部分	20 ~ 30
或抽穗以前	轮生叶下充分发育的叶片	15 ~ 25
或从抽雄穗到吐丝	穗位叶（或上下紧挨的叶）中部 1/3 叶片	15 ~ 25
高粱		
抽穗前或抽穗时	顶部第二叶片	20 ~ 30
棉花		
初花或初花前，或现第一批蕾时	主茎最新的成熟叶片（倒 5 叶）	30 ~ 40
大豆或其他豆类		
苗期（株高小于 30 cm）	全部地上部分	20 ~ 30
始花前或始花后	顶部充分发育的 2 或 3 片叶	30 ~ 30
开始结荚以后	不再采样	
花生		
花期前或花期时	主茎基部第四片成熟叶（包括叶柄）	40 ~ 50
甜菜		
生长中期	中心幼叶与外面最老轮生叶之间充分展开的成熟叶	30 ~ 40
球菜作物（大白菜、甘蓝球等）		
结球前	轮生叶中心最先成熟的叶	10 ~ 20
结球时	外包叶的中脉	10 ~ 20
叶菜类（菠菜、生菜等）		
生长中期	最新成熟的叶	35 ~ 55

续表

生育期	采样部位	采样植株数
芹菜		
生长中期（株高 30～38cm）	最新成熟的叶柄	15～30
马铃薯		
早花以前或早花时	主茎顶端第三到第六片叶（包括叶柄）	20～30
根菜作物（胡萝卜、洋葱、甜菜等）		
根或球膨大以前	中心成熟叶	20～30
番茄（大田）		
早花期或以前	顶部第三或第四片叶	20～25
番茄（温室）		
坐果时或以前	幼株：邻近第二和第三簇处的叶片	20～25
	老株：第四或第六簇处的叶柄	20～25
葡萄		
终花期	果穗附近叶的叶柄	60～100
桃、李、杏、樱桃、梨、苹果		
生长中期	当年生枝条基部短枝的叶（包括叶柄）	50～100
草莓		
生长中期	果枝上 4～7 月龄的春发叶（包括叶柄）	20～30

附表 15　正常生长的植株干物质中营养元素平均含量

元素	含量 / $(g \cdot kg^{-1})$	元素	含量 / $(g \cdot kg^{-1})$
碳（C）	450	钼（Mo）	0.1
氧（O）	450	铜（Cu）	6
氢（H）	60	锌（Zn）	20
氮（N）	15	锰（Mn）	50
磷（P）	2	铁（Fe）	100
钾（K）	10	硼（B）	20
钙（Ca）	5	氯（Cl）	100
镁（Mg）	2	硫（S）	1 000

附表 16 作物营养元素缺乏症状简表

组织部位	表现症状	茎、叶等形态异常现象	缺素类型
老组织	不容易出现斑点	新叶淡绿、老叶黄化、枯焦、早衰	缺氮
		茎叶暗绿或紫蓝色、生育期延迟	缺磷
	容易出现斑点（叶脉失绿）	叶尖边缘先枯焦并出现斑点，症状随生育期而加重、早衰	缺钾
		叶小，斑点可能在叶脉两侧出现，生育期延迟	缺锌
		主脉间明显失绿，有多种色彩斑块，但不容易出现组织坏死	缺镁
新生组织	顶芽枯死	茎叶柔软、发黄、枯焦、早衰	缺钙
		茎叶枯焦、变粗变脆、易开裂、开花结果不正常、生育期延迟	缺硼
	顶芽不枯死	新叶黄化、失绿均一、生育期延迟	缺硫
		叶脉间失绿、出现斑点、组织易坏死	缺锰
		幼叶萎蔫、出现白色叶斑、果、穗发育不正常	缺铜
		叶脉间失绿、叶片淡黄或发白	缺铁
		叶片生长畸形、斑点散布整个叶片	缺钼

附表 17 作物营养诊断组织分析养分参考指标（指全 N、P、K、Ca、Mg%，干基）

采样时期	采样部位	元素	养分浓度水平			
			缺乏	低量	足量	高量
拔节期	地上部	氮			3.00	
		磷			0.26	
		钾			2.49	
		钙			0.50	
抽穗期	地上部	氮	< 1.25	1.25 ~ 1.75	1.76 ~ 3.00	> 3.00
		磷	< 0.15	0.15 ~ 0.19	0.20 ~ 0.50	> 0.50
		钾	< 1.25	1.25 ~ 1.49	1.50 ~ 3.00	> 3.00
		钙		< 0.20	0.20 ~ 0.50	> 0.50
		镁		< 0.15	0.15 ~ 0.50	> 0.50
收获后	籽粒	磷	0.15	0.40	0.54	
	秸秆	磷	0.03	0.08	0.17	
		钾		< 0.56		

续表

采样时期	采样部位	元素	养分浓度水平			
			缺乏	低量	足量	高量
春小麦						
扬花期	上部四张叶片	氮	1.50 ~ 2.00	2.00 ~ 2.50	2.60 ~ 3.00	3.00 ~ 3.30
		磷		0.25 ~ 0.26		
		钾		2.32 ~ 2.49		
玉米						
三、四叶期	地上部	氮		3.50 ~ 5.00		
		磷		0.40 ~ 0.80		
		钾		3.50 ~ 5.00		
抽雄期	地上部	钙		0.90 ~ 1.60		
		镁		0.30 ~ 0.80		
	穗位叶	氮		3.00		
		磷		0.25		
		钾		1.90		
		钙		0.40		
		镁		0.25		
吐丝期	穗位叶	氮		1.10	2.7 ~ 3.5	
		磷	< 0.15	0.16 ~ 0.24	0.25 ~ 0.40	0.41 ~ 0.50
		钾		< 1.5	1.7 ~ 2.5	
		钙		0.40 ~ 1.00		
		镁		0.20 ~ 0.40		
成熟期	叶	磷	0.05	0.12 ~ 0.23		
	杆	磷	0.04	0.15 ~ 0.42		
	籽粒	氮		1.00 ~ 2.50		
		磷		0.20 ~ 0.60		
		钾		0.20 ~ 0.40		
		钙		0.01 ~ 0.02		
		镁		0.09 ~ 0.20		

续表

采样时期	采样部位	元素	养分浓度水平			
			缺乏	低量	足量	高量
马铃薯						
栽后 40～45 d	顶部第五节处叶片	氮	6.00		6.00～7.50	
		磷		<0.40	>0.40	
		钾	2.50～4.50	4.50	>4.50	
栽后 50 d	第一枝条基部第四叶	钙		2.36		
		镁		0.69		
栽后 60 d		氮		3.76	6.33	
栽后 73 d		氮		3.43	4.89	
栽后 88 d		氮		2.87	3.00	
收获后	块茎	磷		0.11	0.25	0.49
		镁	0.12		0.13	
水稻						
分蘖期 （浙江）	成长叶片	氮		2.50	3.90～4.80	
		磷		0.10		
		钾		1.00		
分蘖期 （北京）	成长叶鞘	磷			0.20	
分蘖中期	最新展开的一片叶	氮		3.81～5.06		
		磷		0.14～0.27		
		钾		1.52～2.69		
		钙		0.16～0.39		
		镁		0.12～0.21		
幼穗形成期 （浙江）	茎叶	钾		1.20～2.00		
幼穗分化期	最新展开的一片叶	氮		2.85～2.42		
		磷		0.18～0.29		
		钾		1.17～2.53		
		钙		0.19～0.39		
		镁		0.16～0.39		
成熟期	秸秆	磷	0.02		0.04～0.05	
		钾	1.08		2.33	

续表

采样时期	采样部位	元素	养分浓度水平			
			缺乏	低量	足量	高量
大豆						
开花期	叶	磷	0.19	0.22	0.26 ~ 0.27	
开花后（顶部有嫩荚、基部有长荚）	上部叶	磷			0.59	
		钾			2.95	
结荚前	上部充分发育的几片叶、去叶柄	氮			4.26 ~ 5.50	
		磷			0.26 ~ 0.50	
		钾			1.71 ~ 2.50	
		钙			0.36 ~ 2.00	
		镁			0.26 ~ 1.00	
棉花						
	最新发育的一片叶	氮		3.00 ~ 4.30		
		磷		0.30 ~ 0.65		
		钾		0.90 ~ 1.95		
		钙		1.90 ~ 3.50		
		镁		0.30 ~ 0.75		
蕾期（北京）	叶	磷		0.28	0.35	
	杆	磷			0.18	
早花期	地上部	钙		0.82 ~ 1.02	2.20	
盛花期	新长叶	钾		0.59 ~ 0.82	1.03 ~ 1.30	
铃期	带果铃嫩枝上的叶	氮			3.50 ~ 4.00	
		钾			1.35	
收获后	种子	磷	0.48	0.75	1.79	
	纤维	磷	0.03	0.05	0.12	
	桃壳	磷	0.07	0.10	0.21	
花生						
出苗后10 ~ 12 周	上部茎及叶	氮	3.50 ~ 4.50			
		磷	0.20 ~ 0.35			
		钾	1.70 ~ 3.00			
		钙	1.26 ~ 1.75			
		镁	0.30 ~ 0.80			

续表

采样时期	采样部位	元素	养分浓度水平			
			缺乏	低量	足量	高量
扎针期	主茎第一叶	钾			1.30（临界浓度）	
油菜						
苗期	植株	氮			3.60	
	叶片	磷	0.20	0.31 ~ 0.47		
薹期	植株	氮			4.30	
花期		氮			2.30	
成熟期		氮			1.64	